KB144040

PRACTICAL

COOKING ENGLISH

조리에 관한 다양한 영어표현

조리실무영어

오명석 · 임영숙 공저

(주)백산출판사

머 리 말

최근 들어 세계화와 경제성장의 결실로 외국과의 접촉이 빈번해지고 인터넷의 발달로 외국문화는 실시간으로 우리에게 전달됨에 따라 글로벌한 사회에 살고 있다. 한국의 외식시장도 크게 성장하였고 외국요리를 배우기 위해 유학을 떠나는 경우가 많다.

특히 호텔 주방 및 외식산업 분야에 종사하는 직원들은 외국인과 접할 기회도 많아 실질적인 영어의 중요성을 인식하고 있다.

한식의 세계화와 더불어 한식뿐만 아니라 많은 조리인들이 양식요리에 종사하고 있다. 서양조리에 종사하는 조리인들은 요리명이나 조리법, 조리도구 등 많은 용어들이 영어로 많이 사용되기 때문에 더욱 더 영어의 필요성을 절실히 느끼리라 생각한다. 따라서 이 책은 조리나 외식서비스업에 종사하는 사람들에게 조리에 관한 다양한 영어표현을 익히도록 함을 목적으로 집필하게 되었다.

본서는 계량 단위와 발주 수량, 기초 조리 기술, 조리장비와 조리도구, 주방 회화, 식품 재료, 메뉴 구성, 레시피, 제과 · 제빵 영어, 레스토랑 서비스 영어, 식음료 용어 등 10개의 Chapter로 구성되어 있다.

끝으로, 한 권의 멋진 책으로 탄생될 수 있도록 물심양면으로 도와주신 백산출판사의 진욱상 사장님을 비롯한 출판사 관계자 여러분들께 진심으로 감사를 드리는 바이다.

저자 씀

차 례

Practical Cooking English

조 리 실 무 영 어

Chapter

계량 단위와 발주 수량

1. 약어의 표기
2. 계량 단위

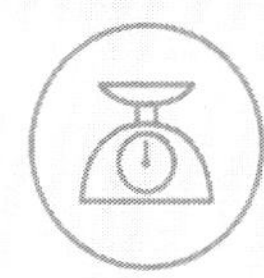

1 약어의 표기

ea : each(개수)

kg : kilogram

gr : gram

L : liter

mL : milliliter

pc : piece

ph : pinch(조금, 엄지와 검지 사이의 양으로 소금, 설탕 등의 분량을 측정)

sl : slice

cl : clove(조각, 쪽)

lb : pound

oz : ounce

C : cup

T : tablespoon(큰 숟가락)

ts(혹은 t) : teaspoon(작은 숟가락)

bn : bundle, bunch(다발, 묶음)

L : large, M : medium, S : small

inch : 1인치 = 2.54cm

2 계량 단위

1/2 oz = 14 grams	1 C = 16 T = 8 oz = 0.23 liter
1 oz = 28.35 grams	1 L = 33.8 fl oz
1/2 oz = 14 grams	1 quart = 2 pint = 940ml
1 kg = 2.21 pounds	1 teaspoon = 1/3 tablespoon
1 tablespoon = 15ml	1 tablespoon = 3 teaspoon
1 cup = 8 ozs = 0.23 liter = 230g	1 gallon = 4 quart = 16 cup

(1) 중량단위

kg　　킬로그램
g　　그램
lb　　파운드
oz　　온스

(2) 부피단위

tsp/t　　작은 술(5ml)
Tbs/T　　큰 술(15ml)
Cup/C　　컵(16T)
Fluid ounce(fl oz)　　플루이드 온스(1C = 8 oz)
Pint(pt)　　파인트(2 Cup = 16 oz)
Quarter(8t)　　쿼트(거의 1리터에 해당)
Gallon　　갤런(4 Qt p 128 oz)

(3) 포장단위

표기	뜻	예문
Each	개	1 egg
Pack	봉지	1 Ramen
Bottle	병	a bottle of wine
Jar	병	a jar of jam
Can	캔	a can of tuna
Carton	(우유 등 카톤 팩에 든 것) 통	a carton of milk
Box	박스	1 box of apples
Bag	자루, 봉지	a bag of onions
Dozen	12개짜리 포장	a dozen of eggs
Sheet	장	2 sheets of gelatin
Loaf	덩어리	a loaf of bread

(4) 채소 등을 셀 때 주로 쓰는 단위

Stalk (셀러리, 대파 등) 줄기
Bunch (시금치 따위의 묶음) 단
Sprig (타임, 로즈마리 등) 한 줄기
Clove (마늘) 한 쪽
Bulb (마늘) 통
Ear (옥수수) 한 자루
Kernel (곡물) 낱알
Head (양배추 등) 포기

(5) 적은 양을 표현하는 단위

Touch	(소금, 후추 등) 아주 약간
Pinch	(엄지와 검지 중지로 집는) 한 줌
Sprinkle	(파프리카, 가루 따위) 엄지와 집게손가락으로 집는 분량
Dash	(참기름 따위) 방울
Some	약간

(6) 어림짐작을 표현하는 말

Teaspoonful	한 작은술 정도
Tablespoonful	한 큰술 정도
Spoonful	한 스푼 정도
Cupful	한 컵 정도
Handful	한 줌 정도

(7) 온도단위

섭씨 Celsius ℃

화씨 Fahrenheit °F

Practical Cooking English

기초 조리 기술

1. 썰기 용어
2. 조리 방법

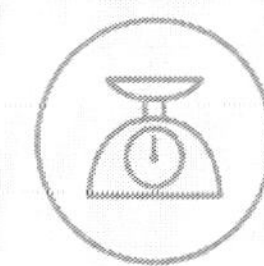

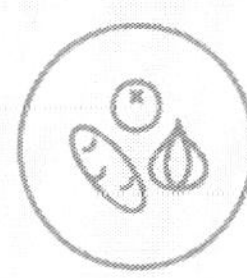

1 썰기 용어

(1) 가늘고 길게 썰기

Julienne(줄리안느)

성냥개비형으로 길이는 2~3mm, 너비 1.15mm 정도 되는 가는 네모 막대형으로 야채 썰기에 사용되며 당근, 감자, 셀러리 등을 조리할 때 사용된다.

Chiffonade(쉬포나드)

가는 실처럼 가늘게 써는 것이다.

Allumette(알뤼메트)

가로, 세로 및 길이가 3mm × 3mm × 5~6mm의 성냥개비 크기 정도의 채썰기이다.

Batonnet(바토네)

작은 막대형이며 Allumette보다 가로 및 세로가 더 길다.

Pont-neuf(뽕느프)

가로, 세로 6mm 정도 크기, 길이 6cm로 길쭉하게 써는 것으로 French Fried Potatoes를 만들 때 사용되는 크기이다.

(2) 정육면체 썰기

Brunoise(브리누아)

0.3cm × 0.3cm × 0.3cm 정도로 가장 작은 정육면체 썰기이다.

Small Dice(스몰 다이스)

한 면이 각각 0.6cm 정도 되는 정육면체의 네모 썰기이다.

Medium Dice(미디엄 다이스)

한 면이 각각 1.3cm 정도 되는 정육면체의 네모 썰기이다.

Large Dice(라지 다이스)

네모 썰기 중 가장 큰 형태로 한 면이 1.5~2cm 정도 되며 Cube 썰기라고도 한다.

Macedoine(마세두안)

과일 등을 1~1.5cm 크기의 주사위형으로 써는 것으로 주로 Fruit salad에 사용된다.

Concasse(콩카세)

토마토 껍질을 벗긴 다음 씨앗을 제거하고 가로, 세로 각 0.5cm 정도의 크기로 써는 것이다.

(3) 부정형 썰기

Chop(챱)

재료를 아주 잘게 썰 때 특히 양파의 경우 반으로 자른 다음 뿌리의 반대쪽 끝까지 썰지 말고 칼집을 준 다음 다시 잘린 면을 수직으로 자르면 균일한 크기가 나온다.

Slice(슬라이스)

얇게 써는 방법이다. 양파, 당근, 무 등을 썰 때 이용된다.

Paysanne(페이상)

채소를 써는 방법으로 다이아몬드형으로 얇게 썬다.

Chateau(샤토)

타원형으로 각각의 면이 나타나도록 양끝을 자르는 오크통 모양이며 당근, 무, 감자, 호박 등에 사용한다. 예를 들면 '샤토캐럿'은 당근을 샤토 모양으로 자르는 것을 말한다.

Olivette(올리베트)

샤토와 비슷한 형태이나 양끝이 뾰족한 올리브 모양이며, 주로 감자나 당근 등을 가니쉬로 사용할 때 이용된다. 만드는 데 비교적 시간이 소요된다.

Parisienne(파리지엥)

둥글고 작은 구슬형으로 Scoop나 Baller를 이용하며 둥글게 돌려가면서 떼어낸다. 고명이나 장식을 할 때 주로 이용된다.

Turning(터닝)

돌리면서 모양을 내는 것으로 사과 등의 과일을 깎는데 주로 이용되며 초보 조리사들이 먼저 익혀야 할 기본적인 기술이다.

Emincer(에맹세)

얇게 저미는 것이다.

Noisette(누아젯뜨)

지름 3cm 정도의 둥근형이다.

Printanier(쁘랭따니에)

가로, 세로 3.5cm의 주사위형 또는 가로, 세로 1cm의 다이아몬드형이다.

Tranche(트랑쉬)

고기 등을 넓은 조각으로 자르는 것이다.

Troncon(트랑송)

토막으로 자르는 것이다.

2 조리 방법

Blanching

야채 등을 끓는 물에 순간적으로 넣었다가 건져 흐르는 찬물에 헹구는 조리 방법으로 냄새 제거, 조직 연화 및 재료 고유의 색상을 선명하게 하는 역할을 한다.

Poaching

Poaching은 액체에서 서서히 내용물을 익히는 조리 방법이다. 달걀 또는 생선 등을 비등점 이하에서 끓이는 방법으로 식품이 건조해지거나 딱딱해지는 것을 방지해 준다.

Boiling

Boiling은 물이나 Stock 속에서 액체를 비등점까지 끓이는 방법이다.

Simmering

Simmering은 비등점 이하에서 요리하는 방법으로 포칭온도보다는 높다. Boiling까지 하다가 불을 약간 줄여 요리하는데 온도는 94℃ 정도이다.

Steaming

밀폐된 용기 내에서 증기압을 이용해 재료를 찌는 조리 방법이다. 식품 고유의 맛을 유지할 수 있다는 장점이 있다. 아주 흔히 사용하는 조리 방법으로 생선, 갑각류, 육류, 야채, 후식 요리에 많이 사용한다. 특히 신선도를 유지하기 위한 식품의 조리에 이용한다.

Frying

① Pan Fry

Pan에 소량의 기름, 버터를 사용하여 편평한 팬에서 볶는 요리법이다.

② Stir Fry

이 조리법은 중국요리에서 많이 이용하며 팬에서 기름으로 볶으면서 요리하는 방법이다.

③ Deep Fry

식품 재료를 기름에 잠기게 해 조리 중 기름온도가 강하하지 않도록 식품량을 적당하게 조절하여 튀기는 요리법이다. 기름온도가 너무 낮으면 재료가 기름을 흡수해 버린다. 주로 140~190℃에서 튀기며 기름온도가 너무 낮으면 재료에 흡수되어 버리므로 온도 조절에 주의해야 한다.

Broiling

식품의 표면에 건식열을 이용하여 요리하는 방법으로 석쇠를 이용하여 직접열로 하기 때문에 바비큐나 구이에 적합하다. 특히 숯을 사용할 경우 음식에 특유한 맛을 더한다. 즉 브로일링은 석쇠 위에 불꽃에 직접 닿게 하여 굽는 방법이다.

Grilling

번철을 이용하여 건식열을 가하여 요리하는 방법이다. 고기 두께가 얇을수록 온도는 높아야 하며 두꺼울수록 온도는 낮아야 한다. Grilling은 가열된 금속의 표면에 대고 굽는 방법으로 간접적으로 익히는 방법이다.

Gratinating

그라탕은 마무리 요리 방법으로 크림, 치즈, 달걀 및 버터 등을 요리 위에 놓고 열을 이용하여 표면을 갈색화하는 요리법이다. Soup, Fish gratin, Pasta 요리에 많이 이용한다.

Braising

Braising은 습식 및 건식열을 동시에 이용하는데 고온에서 재료를 그슬린 다음 적정량의 액체를 넣고 냄비에서 뚜껑을 덮고 요리하는 방법이며 통상 온도는 180~200℃이다. 조리 방법은 Red meat의 경우 약간 높은 온도로 표면을 갈색으로 구운 다음 Mirepoix, Wine 또는 Marinade 등을 첨가한 다음 서서히 가열 조리한다. 조리 중 계속적으로 내용물을 저어준다.

Baking

건식열을 이용하여 요리하는 방법으로 오븐에서의 요리법이다. 여러 가지 방법이 있으며 석쇠를 이용할 경우에는 140~250℃, Tray를 이용할 경우에는 170~240℃에서 조리한다.

Roasting

Roasting은 건식열을 이용하여 화염이나 오븐을 사용해 기름을 계속 칠하면서 굽는다. 소고기, 닭, 칠면조 구이 등에 사용한다. 덩어리째 굽는데 재료의 표면에 있는 지방질이 녹아 고기 내부로 스며들어 맛을 더해 준다. 처음 210~250℃에서 시작하여 150~200℃에서 끝낸다. 계속적으로 기름을 칠하면서 굽는다.

Glazing

표면에 코팅을 입히는 요리법으로 설탕, 버터, 물 또는 육수를 야채에 첨가한 다음 뚜껑을 덮고 약한 불에서 서서히 졸인다. 물기가 거의 증발한 다음 뚜껑을 덮고 약한 불에서 서서히 졸인다. 물기가 거의 증발한 다음 뚜껑을 열고 계속 흔들어 준다. 당근이나 무 등에 적합하다.

Pot Roasting

이 조리과정은 약 140~210℃의 오븐에서 뚜껑이 있는 팬을 이용하여 Mirepoix와 함께 가금류, 육류 등을 조리하는 방법이다. 팬에 Mirepoix와 Butter를 넣은 다음 가금류를 넣고 뚜껑을 덮은 다음 서서히 가열한다. 조리 중 흘러내린 기름을 계속적으로 내용물 표면에 뿌려 주어야 한다.

Whipping

Whipper나 Fork를 사용하여 바른 속도로 거품을 내고 공기를 함유하게 하는 방법으로 Egg white 또는 Whipping cream의 거품을 낼 때 쓰는 방법이다.

Blending

두 가지 이상의 재료가 잘 혼합될 수 있도록 Blender를 이용하여 섞는 방법이다.

Smoking

Smoke를 사용하여 독특한 향과 저장성을 더해 주는 방법으로 햄, 소시지, 베이컨과 훈제연어 등 생선류나 육류의 저장음식을 만들 때 사용된다.

Stewing

냄비를 이용하여 낮은 온도로 서서히 조리는 방법으로 고기, 야채에 사용하는 조리법이다. 고기나 야채 등을 큼직하게 썰어 기름에 볶은 후 육수를 넣어 걸쭉하게 넣어 끓이는 방법으로 우리나라의 갈비찜과 같은 조리법이다.

Practical Cooking English

조리실무영어

Chapter

조리 장비와 조리 도구

1. 조리 장비
2. 조리 도구

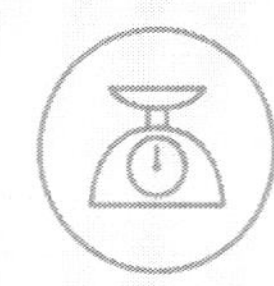

1 조리 장비

조리용 장비는 에너지와 비교적 큰 공간을 필요로 하며 고정된 형태로 주로 사용된다. 공급되는 에너지에 따라서 전기, 가스를 사용하는 장비로 나눠지며 준비 단계용, 보관 및 저장용 장비, 그리고 요리용 장비 및 서빙용 장비 등으로 구분된다.

(1) 준비용 장비

재료가 우선 입고되면 요리단계 이전에 재료의 양을 측정하거나 물로서 오염된 것을 세척하거나 요리를 용이하게 하기 위하여 재료를 자르고 분쇄하는 등의 1차 전처리가 필요하다. 이를 위하여 다음 장비가 이용된다.

Scale

입고되는 재료의 검수를 위하여 검수를 위하여 정확한 주문량이 입고되었는지를 측정하는 계측용 도구이다. 아날로그와 디지털 저울이 있다.

Work Table

작업대는 스테인리스스틸로 주문에 의하여 제작되며 일반적으로 표준화된 규격을 사용한다. 가장 간단한 작업대부터 시작하여 밑에 캐비닛이 있는 작업대, 이동용 작업대, 밑에 선반이 부착된 작업대 등 종류가 많다.

Cold Table

요리 작업대 겸 냉장기능을 동시에 병행하는 테이블로 재료를 항시 차갑게 유지시켜 준다. 주로 전채, 후식, 차가운 소스, 과일, 채소 등을 넣어두는 곳으로 고객에게 음식물이 차게 나갈 수 있도록 하는 테이블이다.

Sink Unit

싱크대는 물을 사용하여야 하므로 상수와 하수는 반드시 배관과 연결되어야 한다. 개수구의 숫자에 따라서 1구, 2구, 3구 등이 있으며 용도에 따라서 생선용 싱크, 세척용 싱크, 보조 작업대 등 여러 종류가 있다.

(2) 가공용 장비

재료를 요리 직전에 원하는 형태로 미리 만들어 일을 세분화하고 작업시간을 단축시켜 능률을 올리기 위해 사용한다.

Food Slicer

각종 재료를 얇게 썰 수 있는 기기이다. 고기를 써는 것과 야채는 써는 것으로 분류되며 칼날이 회전하기 때문에 안전에 주의를 요한다.

Meat Grinder(Mincer)

덩어리 재료를 넣어서 잘고 가늘게 분쇄하는 기계로 흔히 정육점에서 볼 수 있다. 육류 및 생선류를 잘게 간다.

Cutter Mixer

소시지 반죽, 어묵 등의 가공용 육제품을 만들 때 사용하는 혼합반죽기로 갈은 고기에 갖은 양념 및 향신료를 놓고 골고루 반죽하는 기계이다.

Vacuum Packer

만든 제품을 진공 포장할 필요가 있을 때 사용하는 기계로 제품의 장기보관 및 변색 및 탈색을 방지하고 풍미를 지속적으로 보관하는 데 도움을 주는 기계이다.

Meat Tenderizer

고기를 부드럽게 하기 위하여 칼집을 내는 기계를 말한다.

(3) 열원 장비

전기, 가스를 이용하여 요리를 하는 장비로 내부는 고열이기 때문에 항상 안전에 유의해야 한다.

Gas Range with Oven

주방에서 이용하는 가장 기본적이고 중요한 조리기기이다. 윗부분은 Range가 설치되어 있어 각종 프라이팬을 이용한 조리를 할 수 있고 아랫부분은 오븐이 설치되어 구이요리를 할 수 있는 다목적인 오븐이다.

Induction Range

전기를 사용하여 금속플레이트를 가열하여 이용하는 렌지로 선진국에서는 보편화되어 있으나 아직 우리나라는 그렇지 못한 실정이다.

Broiler

스테이크나 생선 및 갑각류를 직화로 굽는 기계이다. 고객의 주문에 따라 굽는 시간을 정확히 맞추어야 한다.

Salamander Broiler

일반 가열 조리기기와는 달리 불꽃이 위에서 아래로 내려오는 하향식 열기기로 각종 Gratin 요리에 이용된다. 직화 요리에는 필수적이다.

Griddle

두께 10mm 정도의 철판으로 만들어진 번철로서 아침식사 시의 계란 요리, 볶음밥, pan cake 등 조리의 범위가 다양하다.

Steam Cooker

고열의 증기를 이용하여 식품을 조리하는 기기로 밥을 짓거나 찜요리를 하는데 이용할 수 있다. 고압, 고열의 증기를 사용하므로 기기의 개폐 시 증기에 의한 화상에 주의한다.

Steam Kettle(Tilting)

고열의 증기를 이용한 조리기기로 Soup이나 Sauce를 대량으로 생산하는데 이용된다.

Fryer

각종 튀김요리를 하는데 이용되는 기물로 튀김 조리 시 내용물을 용량 이상으로 넣어서는 안 되며 튀김 재료의 수분은 반드시 제거해야 한다. 고열에 의한 기름의 산화를 방지하기 위하여 온도를 적정선으로 유지하여야 하며 튀기지 않을 때에는 전원을 완전히 끄지 않고 대기 상태에 두어 언제나 요리가 가능하도록 한다.

Oven

전기로 뜨거운 열을 이용하여 요리하는 요리기구이다. 전기식과 가스식이 있다. 대량조리 시 편리하며 서양에는 필수적인 장비이다.

(4) 냉각 장비

식품 재료를 냉장 혹은 냉동시키는 장비로 호텔이나 대형식당에서는 필수적이다. 업장에서는 용도 및 크기에 따라서 주문 제작하고 있다.

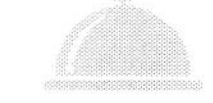

Refrigerator

냉장고로 재료를 차게 보관하는 장비이다. 대부분 규격화되어 있으며 독립된 공간의 칸막이별로 재료를 분리하며 보통 영상 2~6℃에서 보관한다.

Freezer

냉동고로 재료를 장기간 냉동하는 장비이다. 모양은 냉장고와 같다. 보통 -10℃ 이하에서 보관한다.

Work Table & Cold Table

작업대를 겸한 냉장고로 바닥에 낮게 설치한다. 하부는 냉장고롤 상부는 작업대로 활용해 공간에 효율성을 도모한다. 또한 샌드위치 테이블이라 하여 상부를 각종 재료 및 양념류를 칸별로 만들어 즉석 샐러드 및 샌드위치, 피자를 만들 수 있도록 한 형태도 있다.

Showcase

냉장고를 외부에서 투시가 가능하도록 한 것으로 주방에서는 신선 야채, 소스, 드레싱 및 치즈 등을 보관한다. 음료 역시 이곳을 이용한다.

Ice Cube Maker

사각 얼음을 만드는 기계로 요리나 음료를 식힐 필요가 있을 때 사용한다.

Ice Flake Maker

가루 얼음을 만들 때 사용하는 기계로 주로 식당에서 음료수를 냉각하는 데 많이 이용한다.

(1) 칼(knife)

Chef's knife(French knife)	'조리사용 칼' 이라고 하며 요리 시 가장 광범위하게 다목적으로 사용되는 칼로서 고기나 야채 및 과일을 자르고 써는 용도
Boning knife	뼈에서 살을 발라내는 용도
Bread knife	빵칼
Butter knife	버터용 칼
Chinese kitchen knife	중화요리용 칼
Clam knife	조개껍질을 벌리는 용도
Cheese cutter	치즈를 절단하는 절단기
Cheese knife	치즈칼. 칼날에 홈이나 빈 공간이 있음
Carving knife	과일이나 야채를 조각할 때 사용
Deba knife	일본채소용 칼
Japanese Sashimi knife	일본요리의 회칼
Melon baller	멜론 볼러
Oyster knife	굴 칼(굴 껍질을 벌리는 용도)
Slicer	슬라이스, 햄 등을 얇게 써는 용도
Peeler	과일, 야채의 껍질을 얇게 벗길 수 있으며 일명 감자 깍는 칼로 알려져 있음
Paring knife	페어링 나이프(과도와 유사)
Sharpening knife	숫돌
Steel	칼갈이 전용 천재 봉(칼날만 정리해주는 용도)
Zester	제스터(오렌지, 레몬 등의 껍질 부분만 벗기는 용도)

(2) 소도구

집을 때

Tong	조리용 집게
Meat fork	조리용 포크
Tweezers	조리용 핀셋
Lobster Cracker	바닷가재 껍질 절단용 집게

뒤집을 때

Solid Spatula	철 뒤집개
Fish Spatula	생선전용 뒤집개(뒤집개 홈이 길게 파져 있음)
Slotted Spatula	구멍이 있는 뒤집개
Offset Spatula	얇고 잘 뒤집도록 된 뒤집개. L자형 스페출러라고도 함
Rubber Spatula	고무 재질 뒤집개. 일명 알뜰주걱이라고도 한다.
Silicon Spatula	실리콘 재질 주걱

저을 때

Solid spoon	조리용 수저
Wooden spoon	나무주걱
Slotted spoon	구멍 난 조리용 수저

섞을 때

Mixing bowl	믹싱 볼. 여러 재료를 섞을 때 사용
Whisker	거품기

내리거나 거를 때

Ricer	감자를 곱게 갈아 내릴 때 사용
Tamis(Drum Sieve)	밀가루를 곱게 내리는 체
Colander	야채에서 물을 뺄 때 사용
Chinese cloth	면보, 수프나 스톡 등을 곱게 거를 때 사용
Salad spinner	샐러드의 물기를 뺄 때 사용

건지거나 뜰 때

Spider	거미줄처럼 생긴 뜰 체
Skimmer	작은 구멍을 가진 뜰 체로 주로 스톡에서 기름을 걸러내는 용도로 사용
Ice scoop	얼음 뜨는 스쿠프
Ice cream scoop	아이스크림용 스쿠프

계량할 때

Thermometer	휴대용 온도계
Scale	저울
Measuring cup	계량컵
Measuring spoon	계량스푼

국물, 액체를 따를 때

Ladle	국자
Funnel	퍼널(깔때기라고 부르며, 팬 케이크 반죽을 팬에 일정 양 부을 때 사용)

버릴 때

Garbage can	쓰레기 통
Garbage bag	쓰레기 백(비닐 주머니)
Food bin	음식물 분리수거 통

모양을 잡을 때

Gratin dish	그라탕 디쉬(그라탕을 오븐에 넣고 구울 수 있는 도자기 그릇)
Timbale	팀발용 틀(음식을 쌓아올릴 수 있도록 원통형 형태로 만들어 놓은 다양한 틀)
Cake pan	원형 케이크용 팬(아래가 막혀 있음)
Pie pan	파이용 팬
Loaf pan	식빵용 팬
Muffin tin	머핀용 팬

감싸거나 담거나 묶을 때

Plastic wrap	투명 랩
Aluminum foil	알루미늄 호일
Butcher's paper	육류 싸는 종이
Butcher's twine	고기 묶을 때 쓰는 실
Wax paper	왁스 페이퍼(이 종이는 오븐에 들어갈 수 없고 오븐에 사용하면 화재의 위험이 있어 구분하여 사용해야 함)

끓일 때

Stock pot	스톡용 냄비
Sauce pot	소스용 냄비
Saute pan	볶음용 팬

Wok	중식용 팬
Grill pan	그릴전용 팬
Roasting pan	로스팅 팬
Omelet pan	오믈렛 팬
Bamboo steamer	대나무 찜기
Double boiler	중탕기
Fish poacher	생선을 포취로 조리할 수 있는 냄비

(3) 서비스 및 기타 도구

Beer glass	맥주용 유리잔
Butter dish	버터그릇
Cake stand	케이크 선반
Cup rack	컵 선반
Dinner plate	만찬용 접시
Dessert plate	후식용 접시
Dessert fork	후식용 포크
Dessert spoon	디저트 스푼
Glass rack	글라스 선반
Ice bucket	얼음통
Ice-cream bowl	아이스크림 볼
Punch bowl	펀치 볼
Saucer	받침접시
Soup cup	수프 컵
Soup plate	수프접시
Salad plate	샐러드 접시
Soup spoon	수프용 스푼
Salad fork	샐러드 포크
Side plate	반찬 그릇
Salt and pepper shaker	소금과 후추병

Service tray	서브용 쟁반
Sugar bowl	설탕그릇
Salad bowl	샐러드용 그릇
Service spoon	서비스용 스푼
Sauce boat	소스용 작은 그릇
Soup ladle	국자
Tea pot	티 포트
Teaspoon	티스푼

Practical Cooking English

조리실무영어
Chapter

주방 회화

1. 주방의 조직 및 구조
2. 주방 회화

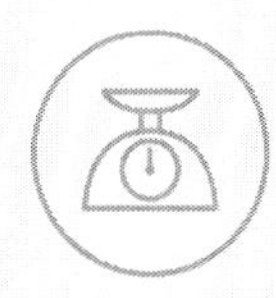

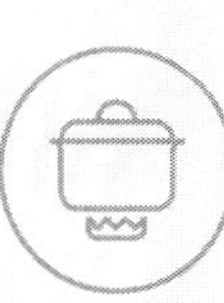

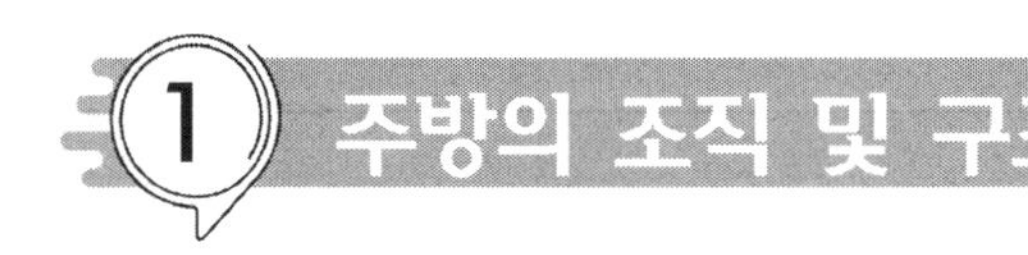

(1) 주방 구성요소

Purchasing	구매부
Culinary	조리팀
Chef's office	세프 사무실
Cold kitchen	찬 요리 주방
Hot kitchen	뜨거운 요리를 하는 주방
Butcher	고기를 손질하고 준비하는 주방
Main kitchen = Production kitchen	소스, 수프 등을 대량 생산하는 주방
Bakery	제과, 제빵을 담당하는 주방
Dry storage	마른 재료나 캔 보관 창고
Prep refrigerator	전 처리 냉장고
F&B office	식음료 사무실
Steward's office	기물 담당사무실
Dishwasher	그릇 닦는 곳

(2) 주방 위계에 따른 구분

Executive chef	총주방장
Executive sous chef	총 부주방장
Chef	세프
Assistant chef	버금 세프
1st cook	1급 조리사
2nd cook	2급 조리사
3rd cook	3급 조리사
Cook helper	보조 조리사
Trainee	실습생

(1) 스케줄 및 휴식 관련 표현

Can I have a word with you, chef?	잠깐 이야기할 시간을 내주실 수 있나요?
May I have a day off tomorrow?	내일 쉬어도 될까요?
Could I have a day off, tomorrow?	내일 쉬어도 될까요?
I hope to use my annual leave on Wednesday	수요일에 연차를 썼으면 하는데요
Could I have one day off the day after tomorrow?	모레 쉬어도 되나요?
Could I have a day off on the 6th of May?	5월 6일 날 쉬어도 되나요?
Could I have 4 days off in a row?	4일 연속으로 쉴 수 있나요?
Could you change my work schedules?	제 근무 스케줄을 바꿀 수 있나요?
Could Mr. Kim and I switch our work schedules?	김씨와 저의 근무 일정을 바꿀 수 있나요?
How many days off will I have this month?	이 달에 제 휴가가 며칠이에요?
Could I use my annual leave?	연차를 써도 되나요?
Let's take a break	잠깐 쉬었다 합시다.
Let's take a coffee break	커피 한 잔 마시고 하죠
May I go to the restroom?	화장실 좀 다녀와도 될까요?

(2) 재고와 주문과 관련된 표현

Did you check how many carrots are in the refrigerator?	냉장고에 당근이 얼마나 있는지 재고 확인했니?
The eggs are out of stock.	달걀 재고가 떨어졌다.
We ran out of the eggs.	달걀 재고가 떨어졌다.
Where does it come from?	어디 산(産)인가요?
Is that made in France?	프랑스산인가요?

Are these from China?	이거 중국산인가요?
Have you ordered what we need for tomorrow?	내일 필요한 거 주문했니?
I think we need to order some more.	주문을 더 해야겠어요
What do you need?	뭐가 필요하신가요?
How much milk do you need?	우유가 얼마나 필요한가요?

(3) 식재료를 나타내는 표현

The carrots are not good today.	오늘 당근 상태가 좋지 않다.
The potatoes are not so fresh.	감자가 신선하지 않다.
They are all gone.	전부 썩었다.
They are all rotten.	전부 부패했다.
These potatoes are too big/too small.	감자가 너무 크다/너무 작다.
These onions are not the same size	양파의 크기가 일정하지 않다.
The quality of the potatoes is not consistent	감자의 품질이 일정하지 않다.
These onions are good today.	오늘 양파 상태가 좋다.
They look so fresh.	신선해 보인다.
These are just perfect for potato chips.	감자칩을 만들기에 딱 좋은 크기다.
The potatoes are in season now.	감자가 제철이다.
When is the best time to buy strawberries?	딸기 사려면 언제가 제철이죠?
They are out of season.	그건 철이 지났어.
I think they are best early in the spring.	초봄이 가장 좋다고 생각합니다.
Onions work well with almost all types of foods.	양파는 거의 모든 종류의 음식과 잘 어울린다.
Should I use butter?	버터를 넣으면 되나요?
Can I use vegetable oil instead?	대신에 식용유를 넣어도 되나요?

(4) 보관, 정리정도, 도움 주고받기, 작업지시와 확인

Chef, Where should I put this?	세프, 이거 어디다 두면 되나요?
Should I put this over there?	이거 저기 놓을까요?
Should I put this in the refrigerator?	이거 냉장고에 보관해야 합니까?
Can I help you?	도와 드릴까요?
Do you need any help?	도움 필요하세요?
Would you help me?	좀 도와주시겠어요?
Please let me know if you need any help	도움이 필요하면 언제든지 말씀하세요
Please tell me when you are ready	준비되면 언제든지 알려줘
Would you lend me some carrots?	당근 좀 빌려주시겠어요?
Would you bring me some sugar?	설탕 좀 가져다주시겠어요?
How many potatoes do you need?	감자가 몇 개 필요하세요?
Whose knife is this?	이것 누구 칼이니?
What are you looking for?	뭘 찾고 있니?
Have you seen my knife?	내 칼 못 봤니?
Should I slice this?	이거 썰까요?
Can I dice this?	이거 네모나게 썰어도 되죠?
Did I slice these carrots properly?	이 당근 제대로 잘랐나요?
Do whatever you want	원하는 대로 하세요
Don't put anything there	어떤 것도 거기에 두지 마세요
Never put your knife in the sink	절대로 칼을 싱크에 넣지 마세요
Don't put that in the freezer	그것을 냉동고에 넣지 마세요
You should be on time every day	매일 정시에 와야 한다.
You can use any vegetables for this	여기에는 아무 야채나 넣어도 되요
You can use salmon instead of trout	송어 대신에 연어 사용해도 되요

(5) 조리과정과 관련된 다양한 표현

What's this smell?	이게 무슨 냄새죠?
I can smell something burning	무슨 타는 냄새가 나는데요
How did you make this soup?	이 수프 어떻게 만드셨어요?
Can you show me how to make this?	이거 어떻게 만드는지 보여주실 수 있나요?
What should I do next?	다음에 뭐 해야 되죠?
May I have your recipe for this?	이것의 레시피를 알 수 있을까요?
Have you strained the sauce?	소스 다 걸렀어요?
Have you put it in the oven?	그것 오븐에 들어가 있죠?
For how many minutes?	몇 분 동안이요?
How long do you cook it in the oven?	오븐에서 얼마나 요리하나요?
At what temperature should I roast it?	몇 도에서 구워야 하나요?
This is not what I wanted	이것은 내가 원했던 것이 아니야
How do you know when it's done?	이거 다 된 건지 어떻게 알아요?
Just look at the color	색을 보면 알죠
Is this all done?	이거 다 익은 거예요?
When did you add sugar?	언제 설탕 넣으셨어요?
What time should I finish this?	이 일 언제까지 끝내야 하나요?
Is this large enough?	이 정도 크기면 되나요?
Is this salty enough?	이 정도 짜면 되나요?
Could you taste this for me?	이것 간 좀 봐 주시겠어요?
What are you going to do with this?	이걸로 뭐 하려고 합니까?
What is this for?	이것 뭐하는데 쓰는 거야?
We need to order more eggs	달걀 더 주문해야 합니다.
Why do you need that much?	왜 그렇게 많이 필요한가요?
Turn it on	켜세요
Turn it off	끄세요
Unplug it	플러그를 뽑으세요
This is out of order	이거 고장 났어요
This doesn't work	이거 작동이 안되요

Can I try this?	이거 먹어봐도 되요?
Watch out!	조심해!
Watch your back	뒤를 조심하세요(뒤에 사람 있어요)
Coming through!	지나갑니다.
I am not myself today	오늘은 제 정신이 아니야
I am having a hard time	애를 먹고 있어요
Good job!	잘 했어요
Clean as you go	치워 가면서 일해라
Keep up the good work	계속 잘 해 주세요
Don't be too hard on yourself	스스로를 너무 괴롭히지 마세요
look on the bright side	좋은 면을 보세요
Season with salt and pepper	소금과 후추로 양념하세요
Simmer for 2 to 3 hours	뭉글한 불에서 2~3시간 푹 끓이세요
Garnish with chopped parsley	다진 파슬리로 장식 하세요

(6) 기타 주방 필수회화

I need butter	나는 버터가 필요합니다.
Would you wash this?	이것을 씻어주실래요?
It's an urgent order	아주 급한 주문입니다.
I will go and get it right away	가서 당장 가져오겠습니다.
I'll be with you in a moment	잠시 후에 도와드리겠습니다.
Is this enough, chef?	이 정도면 충분합니까?
How do you cook?	이것은 어떻게 만듭니까?
Could you taste this?	맛을 보시겠습니까?
Please take your time	천천히 하세요
What should I help you with first?	우선 무엇부터 도와드릴까요?
There are a lot of orders	주문이 많이 들어왔습니다.
Be careful. It's very hot	조심하십시오. 아주 뜨거워요
Could you give me the recipe?	조리법을 알려주시겠어요?

Take milk out from the fridge	냉장고에서 우유를 꺼내주세요
How many tables do we have for dinner?	저녁 예약이 몇 명인가요?
Cook the steak medium rare	스테이크를 미디엄 레어로 구우세요
Don't set the flame too high	불을 너무 세게 하지 마세요
Clean up this thoroughly	이것 깨끗하게 닦으세요
What temperature should the oven to be set, chef?	오븐 온도는 몇 도로 맞출까요, 세프?
The oil temperature is too high. Lower it down	기름온도가 너무 높아요. 불 줄이세요

(7) 주방 상황영어

1) Situational 1

(A conversation between a chef and a cook while making hors-d'oeuvre)

Cook : Chef. what kind of plate do we need to use for the cocktail party tomorrow?

Chef : We need smoked salmon, sandwiches, cold cuts, sushi. Put them on 4 plates.

Cook : Do we make a sushi at a sushi station?

Chef : No, they will make them from the Japanese kitchen.
Did you bring smoked salmon and cold cuts from the butcher shop?

Cook : They asked me to come after 11:00am because they are not ready yet.

Cook : It slices well when the bread is cold. We'd better keep them in the refrigerator.

Chef : Toast the bread for the party tomorrow.

Chef : Let the trainee toast the bread.

Cook : Yes, chef.

Chef : Make some mousse with egg yolks

Cook : How do you make it, chef?

Chef : Put egg yolks, butter and salt in a blender and shift it

Cook : I got it, chef.

Chef : The herb we have today are not very good. Put them in icy water.

Cook : Yes, chef

Chef : Have you done with canapes?

Cook : Yes, almost ready.

Chef : When you're done with it, wrap it carefully.

Cook : Yes, chef.

Chef : Knives are dull.

Cook : Those have been sharpened before we went home last night.

Chef : They don't work well. You'd better do it again

Cook : Yes, chef.

2) Situational 2

(A conversation between a chef and a cook in Italian kitchen, making pasta)

Cook : Chef, how do we make cannelloni?

Chef : We're going to make it now, so help me, please.

Cook : Yes, chef.

Chef : Please bring paprika, zucchini, and mushroom and wash them

Cook : Yes, chef.

Chef : I'm going to make tomato sauce. Why don't you cut the vegetables in julienne? After that, saute and then cool it down.

Cook : Yes, chef.

Chef : Are you finished?

Cook : Yes, I put it in a fridge to chill it down.

Chef : Good job! Now, put it on canelloni dough and roll it up.

Cook : How many do we need today?

Chef : Make 20 of those. 2 for each serving.

Cook : Yes, chef.

Chef : We have an order. Two Cannelloni, and two seafood pasta. The customer is allergic to mussel. So take out the mussel from the seafood pasta.

Cook : Yes, chef.

Chef : Make cannelloni. Put tomato sauce on a gratin dish and put two canelloni, and then more sauce and cheese on top and then put it in an oven. Do you understand?

Cook : What should the temperature of the oven be?

Chef : Preheat 200℃ and check after 5~6 minutes

Cook : Yes, chef.

3) Situational 3

(A situation of the first day as a trainee)

Trainee : How are you? Nice to meet you.

Chef : What is your name?

Trainee : I'm Tom Brown.

Chef : Glad to meet you.

Trainee : First, go to the fridge and find out the location of ingredients, when you get to work.

Chef : Yes, chef.

Chef : Go to the bakery kitchen and spread dough to make lasagna today

Trainee : I'm not sure what to do with it.

Chef : Don't worry. Bakery staff will show you how to make it. Make sure you bring a sheet pan to get stuff from a bakery or butcher shop.

(Brought a dough)

Chef : Stir this sauce with a wooden ladle not to stick on a pot.

Trainee : Chef, what is this sauce?

Chef : It's meat sauce. This is bechamel sauce.

Trainee : Oh! I see

Chef : Your uniform got dirty. Go to the housekeeping and get a new one. And get some dish cloth as well.

Trainee : Yes, chef.

Chef : Give me a hand to move the sauce. Be careful, it's heavy.

Trainee : All right! Now, put a wrap and move it to the fridge.

Chef : Yes, chef.

Trainee : That's all for today. Come back here at 8:00 tomorrow morning.

Practical Cooking English

조 리 실 무 영 어

Chapter

식품 재료

1. 과일류
2. 채소류
3. 생선류
4. 육류
5. 달걀과 유제품
6. 기름
7. 음료수
8. 기타 식재료
9. 허브와 향신료

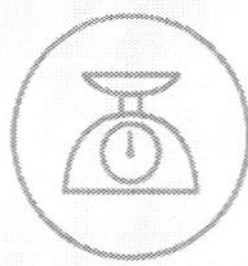

1 과일류

(1) 과일류의 세부명칭

Skin	껍질
Pith	흰 부분(오렌지, 자몽)
Membranes	흰 부분(귤)
Pulp	과육
Seed	씨
Core	속
Pit	씨(복숭아, 올리브 등)

(2) 과일의 종류

Apple	사과
Apricot	살구
Abocado	아보카도
Banana	바나나
Blueberry	블루베리
Blackberry	블랙베리
Cantaloupe	캔터루프 멜론
Cherry	버찌
Chestnut	밤
Coconut	코코넛
Date	대추야자 열매
Fig	무화과
Grapefruit	자몽
Grape	포도
Jujube	대추

Kiwi	키위
Lemon	레몬
Lime	라임
Lychee	리치
Melon	메론
Orange	오렌지
Oriental melon	참외
Papaya	파파야
Peach	복숭아
Pear	배
Persimmon	감
Pineapple	파인애플
Plum	자두
Prune	말린 자두
Raspberry	나무딸기
Strawberry	딸기
Tangerine	귤
Tomato	토마토
Watermelon	수박

2 채소류

(1) 채소의 명칭

Leaves	잎사귀
Stem	줄기
Root	뿌리
White part	(파 따위) 흰 부분

Outer leaves	(배추) 겉장
Shoot	새로 나온 순
Sprout	싹(예: bean sprout 콩나물이라고 한다.)

(2) 채소의 종류

Asparagus	아스파라거스
Bamboo shoot	죽순
Bean	콩
Bean sprout	콩나물
Bok choy	청경채
Broccoli	브로콜리
Burdock	우엉
Button mushroom	양송이버섯
Cabbage	양배추
Carrot	당근
Cauliflower	꽃양배추
Celery	셀러리
Chinese cabbage	배추
Chicory	치커리
Cucumber	오이
Crown daisy	쑥갓
Eggplant	가지
Green bean	녹두
Ginseng	인삼
Garlic	마늘
Ginger	생강
kale	케일
Leek	부추
Lettuce	양상추

Lotus root	연근
Mushroom	버섯
Mugwort	쑥
Mung bean sprout	숙주
Onion	양파
Parsley	파슬리
Paprika	파프리카
Pea	완두콩
Pimento	피망
Potato	감자
Pumpkin	호박
Red radish	홍무
Sesame leaf	깻잎
Shallot	샬롯
Sweet potato	고구마
Spinach	시금치
Truffle	송로버섯
Tomato	토마토
Turnip	무
Watercress	물냉이
Woodear	목이버섯
Zucchini	애호박

3 생선류

(1) 생선의 명칭

Head	머리
tail	꼬리
Bone	생선가시
Fin	지느러미
Gill	아가미
Gut	내장
Roe	알 또는 내장
Scale	비늘

(2) 생선 손질에 주로 쓰이는 표현

Fillet	길이로 뜬 낱장
Steak	세로로 낸 토막
Dressed fish	머리, 꼬리 잘라내고 내장을 제거한 것
Unshelled	조개류의 껍질을 까거나 벗기지 않은
Debeard	홍합 등의 수염을 제거한
Deveined	(새우)내장을 제거한
Deboned	뼈를 발라낸
Head-off	머리를 떼어낸
Tail-off	꼬리를 떼어낸
Scaled	비늘을 벗긴
Gutted	내장을 제거한
Skinned	껍질을 벗겨낸

(3) 생선의 종류

Abalone	전복
Black snapper	흑도미
Anchovy	멸치
Caviar	철갑상어알
Crab	게
Clam	대합조개
Cuttlefish(squid)	오징어
Cod	대구
Eel	장어
Flounders	가자미
Green laver	파래
Hairtail	갈치
Halibut	넙치
Herring	청어
Lobster	바닷가재
Mackerel	고등어
Mackerel pike	꽁치
Mussel	홍합
Octopus	문어
Octopus minor	낙지
Oyster	굴
Puffer fish	복어
Pollack	명태
River eel	민물장어
Scallop	관자
Sea bass	농어
Sea squirt	멍게
Sea urchin	성게
Sole	혀넙치

Sardine	정어리
Sea cucumber	해삼
Shark's fin	상어지느러미
Shrimp	작은 새우
Snail	달팽이
Squid	오징어
Swordfish	황새치
Tuna	참치
Trout	송어
Top shell	소라

4 육류

(1) 육류의 세부명칭

Sinew	흰색 힘줄
Fat	지방, 기름기
Membrane	육류 안에 있는 막
Bone	뼈
Skin	껍질
Lung	허파
Tongue	혀
Kidney	콩팥
Heart	염통

(2) 육류 손질에 주로 쓰이는 표현

Boneless	뼈를 발라낸
Bone-in	안에 뼈가 있는
Skinless	껍질을 벗긴
Skin-on	껍질이 붙은
Quartered	1/4로 자른
Smoked	훈제한
Marinated	양념에 절인
Brined	소금에 절인
Rolled	둥글게 말은
Tied	(닭 따위를) 실로 묶은
Trussed	삼계탕을 할 때 속을 넣고 실로 묶은

(3) 육류의 부위

Beef tenderloin	소 안심
Beef bone	소뼈
Beef rib	소갈비
Beef round	우둔살
Beef brisket	차돌박이
Beef chuck	소어깨살
Beef kidney	소콩팥
Chicken	닭고기
Duckling	오리고기
Frog leg	개구리 다리
Goose	거위
Goose liver	거위간
Lamb	양고기

Loin	등심
Pheasant	꿩고기
Pork belly	돼지 삼겹살
Pork rib	돼지갈비
Pork fat	돼지기름
Pork tenderloin	돼지안심
Quail	메추라기
Squab	새끼 새 요리
Saddle	양의 등심고기
Shank	사태
Striploin	채끝
Veal	송아지 고기
Veal loin	송아지 등심
Veal tenderloin	송아지 안심
Veal leg	송아지 다리
Turkey	칠면조

5 달걀과 유제품

(1) 달걀

1) 달걀의 세부명칭

Whole egg	통 달걀
Egg yolk	달걀노른자
Egg white	달걀흰자
Egg shell	달걀 껍질
A white egg	껍질이 흰 달걀
Raw egg	날달걀
Air pocket	달걀 속에 있는 공기주머니

2) 계란 관련 용어

Crack the egg	계란을 깨다
Beat the egg	계란을 풀다
Egg wash	달걀물
Poached egg	끓는 물에 살짝 삶은 달걀(수란)
Hard-boiled egg	완숙
Soft-boiled egg	반숙
Fried egg	계란 프라이
Sunny side up	한쪽만 구운
Over easy	계란 프라이를 뒤집어 노른자를 살짝 익힌 것

(2) Milk(우유)

Pasteurized milk	살균한 우유
Unpasteurized milk	살균하지 않은 우유
Raw milk	살균하지 않은 생우유
Whole milk	지방분을 빼지 않은 전유(全乳), 3.5% 유지방
2% reduced fat milk	지방을 2% 줄인 우유
Nonfat or Skim milk	탈지우유, 0.55 미만의 유지방
Buttermilk	버터밀크
Powdered milk	분유
Condensed milk	무가당 농축우유
Sweet condensed milk	가당 농축우유

(3) Cream(크림류)

Half and half	하프 앤 하프(우유와 생크림이 반반씩 혼합된 것으로 유지방이 12%이며 휘핑은 안 된다.)
Light whipping cream	휘핑크림(가장 흔한 휘핑크림으로 30~36%의 유지방이 있다.)
Heavy cream	헤비크림(36~40%의 유지방이 있으며 일반적으로 한국에서 생크림이라고 부른다. 일반 우유보다 지방이 많아 무겁기 때문에 헤비크림이라고 부른다.)
Sour cream	사워크림(18~20%의 유지방이 있으며 유산배양균 처리되어 있고 살짝 시큼한 맛이 난다.)

(4) Yogurt(요거트류)

Yogurt	요구르트
Plain yogurt	다른 추가 향이 들어가지 않은 요구르트
Flavored yogurt	설탕, 인공향 또는 과일이 들어간 요구르트
Frozen yogurt	요구르트를 냉동시킨 것

(5) Butter(버터)

Salted butter	가염버터
Unsalted butter	무염버터
Magarine	마가린
Clarified butter	정제한 버터
Melted butter	녹인 버터

(6) Cheese(치즈)

Blue cheese=Gorgonzola	블루치즈(고르곤졸라)
Camembert	까망베르치즈
Cream cheese	크림치즈
Cheddar	체다치즈
Gouda	고다치즈
Manchego cheese	맨체고 치즈
Mozzarella cheese	모짜렐라 치즈
Parmigiano-reggiano cheese	파마산 치즈

Extra virgin olive oil	엑스트라 버진 올리브오일
Olive oil	올리브오일
Vegetable oil	식용유
Conola oil	카놀라오일
Fish oil	생선기름
Grapeseed oil	포도씨유

Lard	돼지기름
Sesame oil	참기름
Peanut butter	땅콩버터
Wild sesame oil	들기름
Walnut oil	호두기름
Shortening	쇼트닝
Sunflower seed oil	해바라기씨유

7 음료수

(1) Beverages

Mineral water	약수
Soda water	소다수
Fruit punch	과일 펀치
Black coffee	블랙커피
Cream and sugar	크림과 설탕
Black tea	홍차
Herbal tea	카페인이 없는 차(한국의 전통차)
Ginger ale	생강향이 나는 탄산수의 일종
Soft drink	청량음료
Coca-Cola	코카콜라
Pepsi-Cola	펩시콜라
Lemonade	레몬에이드
Orange juice	오렌지주스
Cider	사이다(외국에서는 사과주를 의미)

(2) Beer

Iced-cold beer	냉맥주
Lager beer(light beer)	살균처리된 일반 맥주
Dark beer	농도와 색깔이 짙은 맥주
Stout	독한 흑맥주
Draft beer	살균처리하지 않은 생맥주
Bottled beer	병맥주
Beer foam	맥주 거품

8 기타 식재료

Acorn jelly	도토리묵
Bean curd	두부
Bean paste	된장
Ginkgo nut	은행알
Rice	쌀
Salt	소금
Soy bean sauce	간장
Mustard	양겨자
Yeast	효모
Peanut	땅콩
Walnut	호두
Pinenut	잣
Honey	꿀
Peach jam	복숭아 잼
Corn starch	녹말가루
Corn syrup	물엿

Rye flour	호밀가루
Wheat flour	밀가루
Cinnamon powder	계핏가루
Vinegar	식초

9 허브와 향신료

(1) 향신료의 기능

더운 지역에서 살아가는 사람들은 먹거리에 향신료를 사용하면 음식재료의 나쁜 맛이나 냄새를 제거하고 식욕을 돋우며 음식의 부패를 방지하고 다양한 음식의 맛을 즐길 수 있으며 음식의 저장이 가능하다는 것을 알게 되었다. 자극적인 향신료를 음식에 쓸 때 기대하는 대표적인 기능은 식욕증진과 살균작용이며 흔히 사용하는 몇 가지 향신료의 기능을 알아보면 다음과 같다.

검은 후추 – 소화액 분비 촉진, 미각 향상, 변비로 인한 복부의 팽창 개선
고춧가루 – 식욕증진, 장내 소화 촉진, 대사작용 촉진, 비만 방지
계피 – 진통, 살균, 해독작용, 기침, 감기에 효과적
고수 – 혈액정화, 진통, 살균, 해독작용
심황 – 혈액정화, 진통, 살균, 해독작용, 아이나 동맥경화의 원인이 되는 활성산소의 억제작용

(2) 음식에 사용하는 향신료의 분류

식물의 잎, 열매, 뿌리, 꽃, 줄기, 껍질 등을 생것으로 말려서 그대로 쓰거나 분말상태로 사용한다.

잎 향신료 – 소수, 박하, 딜, 로즈메리, 바질, 세이지, 아니스, 오레가노, 월계수 잎, 타임, 타라곤, 파슬리, 차이브

열매 향신료 – 겨자, 고수, 고추, 너트멕, 딜, 바닐라, 산초 아니스, 올스파이스, 팔각, 후추

뿌리 향신료 – 갈랑가, 고추냉이, 마늘, 생강, 심황, 황기

꽃 향신료 – 사프란, 클로브

줄기 향신료 – 레몬그라스

껍질 향신료 – 계피

(3) 향신료의 종류 및 특성

Coriander(고수)

전 세계적으로 가장 많이 사용하는 향신료이다. 잎이 미나리와 비슷하고 중국 파슬리 또는 실란트로라고도 한다. 잎은 생것으로 씨앗은 가루상태나 통째로 사용하며 아주 강한 향이 있다. 잎은 중국에서는 향미채소라고 하여 약용으로 죽에, 인도에서는 커리에, 태국과 베트남에서는 국물음식에 반드시 사용한다. 씨는 고대 로마 때부터 소화를 돕기 위해 빵이나 케이크에, 멕시코와 페루에서는 고추를 넣은 음식에, 남미에서도 모든 음식에 이용한다. 특히 유럽에서는 씨를 많이 사용하는데 가루로 만들어 생선이나 육류요리에 쓴다.

Nutmeg(너트메그)

육두구라고 부르며 단맛과 매우 강한 맛을 낸다. 맛을 최대한 살리기 위하여 열매 상태로 보관해 두고 음식을 만들기 직전에 곱게 갈아서 사용한다. 우유나 크림이 들어가는 음식에 사용하는데 케이크, 커스터드소스, 푸딩 등에 사용한다.

Lemongrass(레몬그라스)

상큼한 레몬 향이 나는 풀이며 태국, 베트남 등 동남아시아에서 많이 쓴다. 기다

란 줄기를 잘게 썰거나 다져서 수프, 소스, 생선, 닭요리에 사용한다. 태국에서는 새우수프를 만들 때 반드시 사용한다.

Rosemary(로즈메리)

작은 상록수 가느다란 잎이다. 빳빳한 줄기에 달려 있는 잎을 손으로 훑어서 떼어내어 사용한다. 달콤하고 신선한 향이 있으며 육류, 칠면조, 닭요리에 사용한다.

Basil(바질)

토마토가 들어가는 음식에는 반드시 사용되기 때문에 이탈리아 음식을 만들 때는 꼭 준비해야 한다. 파스타, 생선, 닭고기, 양고기 요리, 스파게티, 피자 등에 두루 쓰인다.

Saffraan(샤프란)

샤프란 꽃술을 말린 것으로 실고추처럼 가늘고 짙은 붉은색이다. 한 송이의 꽃에서 단지 세 가닥의 꽃술을 얻을 수 있으므로 값이 매우 비싼 향신료이다. 미지근한 물에 담갔다가 붉게 우러난 물로 음식을 만들면 진한 노란색을 띠게 된다. 인도, 스페인 등에서는 쌀을 이용해서 음식을 만들 때 샤프란을 사용해 노란색으로 밥을 물들인다.

Turmeric(심황)

동아시아, 인도, 아프리카, 호주 등지에서 자란다. 생강 모양의 뿌리는 전체가 진한 노란색을 띠며 톡 쏘는 맛이 있다. 인도에서는 거의 모든 음식에 두루 사용하며 특히 커리가 노란색인 것은 커리의 주재료로 심황을 쓰기 때문이다.

Dill(딜)

잎에서 향긋한 향이 나며 장시간 가열하면 향이 없어지므로 요리가 다 되었을 때 넣는다. 크림치즈, 오믈렛, 해산물요리, 피클, 빵, 커리에 이용한다.

Oregano(오레가노)

지중해 요리의 기본이 되는 향신료로 토마토소스와 잘 어울린다. 향이 강하고 얼얼하며 톡 쏘는 듯한 쓴맛이 난다.

Allspice(올스파이스)

서인도산 물레나무의 열매에서 생산된다. 클로브, 너트멕, 계피의 향을 합한 향이 나므로 올스파이스라는 이름을 갖는다. 피클, 육류, 생선 등에는 통째로, 푸딩이나 제과류는 갈아서 사용한다.

Bay Leaves(월계수)

월계수나무의 잎을 생것 그대로 또는 건조하여 사용한다. 생것은 약간 쓴맛이 있고 말린 잎은 달고 강한 향이 있다. 육류요리의 냄새제거를 위해 많이 사용하며 생선, 닭, 채소를 이용한 음식에도 쓰인다.

Tarragon(타라곤)

국화과 식물의 잎으로 달콤하면서도 매운 향이 나며 프랑스 요리의 기본이 되는 향신료이다. 샐러드 드레싱, 스프, 육류, 생선요리에 많이 이용한다.

Thyme(타임)

달콤한 레몬 향이 나며 프랑스 요리의 기본이 되는 향신료이다. 육류, 생선, 가금류, 채소, 신선한 토마토를 이용한 음식에 많이 사용한다.

Clove(클로브)

정향이라고 부르며 꽃봉오리를 건조한 것으로 달면서도 강한 매운 맛이 있어서 식욕을 증진시킨다. 햄, 소시지, 피클, 음료에는 통째로, 푸딩이나 제과류에는 가루상태로 사용한다.

Star Anise(팔각)

대회향이라고 하는 나무의 열매인데 별 모양으로 중국요리에 많이 사용한다. 강한 감초향이 나고 재료의 나쁜 냄새를 없애주며 독특한 향기로 음식의 맛을 살린다. 중국이나 말레이시아에서 조림이나 찜을 만들 때 팔각을 통째로 넣어 끓인다.

(4) 기타 향신료

Peppercorn	통후추
White pepper	흰 후추
Black pepper	검은 후추
Green pepper	산초
Ginger	생강
Cinnamon	계피
Star anise	팔각
Mustard	겨자
Saffron	샤프론
Turmeric	강황
Curry	커리
Dill	딜
Thyme	타임

조 리 실 무 영 어

Chapter 06

메뉴 구성

1. 전채요리
2. 샐러드와 드레싱
3. 수프
4. 주요리
5. 후식
6. 패스트푸드와 샌드위치
7. 음료
8. 메뉴 표현

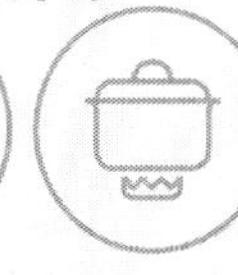

전채요리(Appetizer)

(1) Canape

카나페는 모양이 작고 한입에 먹기에 좋도록 만든 요리이다. 크래커나 빵류를 여러 모양으로 작에 잘라 위에는 각종 고기, 소시지, 치즈, 야채, 피클, 푸아그라 및 해산물 등을 올려 모양을 만든다.

카나페는 약간 짜게 하거나 향이 강할 필요가 있다. 위액 분비를 촉진해 식욕이 돌게 하기 때문이다. 우리나라는 술안주와 식사가 구분되어 있는 경우가 많으나 외국의 경우 카나페는 식사라기보다는 술안주의 개념이 강하다.

카나페는 바탕, 스프레드(바탕 위에 바르는 것), 중심재료, 고명으로 구성하는 것이 일반적이다. 기본적으로 너무 커도 안 되며 손으로 집기에 적절한 크기여야 한다. 사용되는 빵의 종류는 크래커, 식빵 등 사용 가능한 모든 종류의 빵을 사용할 수 있다.

(2) Cold Cuts

cold cuts는 큰 소시지의 일종으로 슬라이스로 얇게 잘라서 샌드위치 속에 넣거나 트레이에 진열하며 시장이나 호텔의 델리숍에서 낱개로도 구매가 가능하다.

(3) Deviled Eggs

Deviled eggs는 삶은 계간을 반으로 잘라 속의 노른자를 마요네즈, 겨자, 소금 및 후추 등으로 간을 한 다음 흰자 속에 페스트리 튜브로 짜 넣어 장식을 한 것이다. 고명으로 캐비어, 연어알, 파슬리 및 올리브 등을 올린다.

(4) Shrimp Cocktail

살짝 데친 새우와 칵테일 소스

(5) Mozzarella Sticks

모자렐라 치즈에 튀김옷을 입혀 튀겨낸 요리

(6) Carpaccio

생고기 혹은 생선회로 이루어진 전채요리

2 샐러드와 드레싱(Salads & Dressing)

(1) 샐러드의 종류

Green Salad

채소로만 구성된 클래식한 샐러드로 잎채소로 구성되어 있으며 이용하는 채소는 양상추, 시금치 및 아스파라거스 등 다양하다. 저칼로리이고 식이섬유가 풍부하기 때문에 다이어트 식품으로 각광을 받고 있다.

Vegetable Salad

채소 샐러드는 그린샐러드의 범주에 속해 있으며 그린샐러드가 잎채소를 주로 사용하는 반면에 채소 샐러드는 오이, 피망, 버섯, 양파 등 그린 색상이 아닌 다른 야채들의 사용이 자유롭다. 고명으로 삶은 달걀, 올리브, 치즈 등도 사용한다.

Bound Salad

바운드 샐러드는 마요네즈나 겨자 같은 진한 소스 등으로 볼에서 버무려진 샐러드를 말하며 mixed salad라고도 한다. 참치샐러드, 감자샐러드 및 파스타샐러드 등은 이러한 범주에 들어갈 수 있다. 바운드 샐러드는 샌드위치용 속을 채우는 용도로 주로 많이 사용된다.

Fruit Salad

과일로 만든 샐러드로 지역에서 나는 계절의 과일을 이용하거나 통조림으로 가공된 과일을 사용하여 만든다.

Caesar Salad

야채에 크루통(네모 모양으로 구운 빵조각)과 파마산 치즈를 곁들인 샐러드

Garden Salad

여러 가지 야채가 들어간 큰 샐러드

Chef Salad

달걀과 여러 가지 햄이나 닭고기가 들어간 샐러드

Greek Salad

올리브, 페타치즈가 들어간 그리스풍 샐러드

Cobb Salad

치즈, 삶은 달걀, 베이컨, 아보카도 등이 들어간 샐러드

Waldorf Salad

호두, 사과와 건포도 등이 들어간 달콤한 샐러드

(2) Dressing

Blue Cheese Dressing

마요네즈, 사워크림과 블루치즈를 주로 하는 드레싱

Caesar Dressing

식초, 올리브유, 앤초비, 레몬즙, 마늘, 머스타드, 우스타소스를 섞은 드레싱

French Dressing

올리브오일, 케첩, 식초, 마늘을 섞어 만든 드레싱

Honey Mustard Dressing

식초, 꿀, 머스타드를 섞어 만든 드레싱

Ranch Dressing

마요네즈, 사워크림, 버터밀크를 주로 한 드레싱

Italian Dressing

올리브오일, 물, 식초, 후추, 양파, 오레가노, 로즈마리, 바질, 파마산 치즈 등을 혼합한 드레싱

Thousand Island

마요네즈, 케첩, 핫소스, 삶은 달걀, 피클 등을 혼합한 드레싱

Balsamic Vinaigrette

올리브유와 발사믹식초를 주로 한 드레싱

Russian Dressing

셀러리, 머스타드, 식초, 토마토 수프, 샐러드오일, 설탕을 주로 한 드레싱

Louis Dressing

마요네즈, 칠리소스, 레몬주스를 주로 한 드레싱

3 수프(Soup)

(1) French Onion Soup

진한 소고기 국물에 양파를 볶아서 만든 프랑스식 양파수프로 위에는 크루통과 치즈를 뿌려 먹는다.

(2) Minestrone

전통적인 이탈리아 음식으로 콩, 감자, 토마토, 셀러리, 양파 등이 사용되며 특정 채소가 아닌 계절의 모든 재료가 골고루 들어갈 수 있다. 파스타나 쌀이 첨가되기도 한다.

(3) Chicken Noodle Soup

닭고기와 닭 육수에 파스타와 야채를 넣어 만든 스프

(4) Chowder

크림에 밀가루를 더해 걸쭉하게 만든 스프. 주로 해산물과 야채를 넣어 만든다.

(5) Cream of Mushroom

크림에 양송이를 넣어 만든 스프

(6) Chilli

토마토, 콩, 칠리 파우더, 커민, 각종 야채와 고기를 넣어 만든 스튜형 스프

(7) Vegetable Soup

각종 야채를 넣어 만든 스프. 종류와 맛이 다양함.

(8) Smoked Salmon Chowder

감자, 셀러리, 클로브, 올리브, 야채스톡, 훈제연어, 토마토 페이스트 등을 주로 하는 스프

4 주 요리(Main Dish)

(1) Pastas

Spaghetti and Meat Balls

스파게티와 미트볼, 보통 토마토소스도 들어간다.

Baked Ziti

지티 파스타와 토마토소스 위에 치즈를 얹고 오븐에서 구운 파스타

Lasagna

라자냐 파스타 사이사이에 토마토소스와 리코타 치즈를 넣어 겹겹이 쌓은 후 치즈를 얹고 오븐에서 구운 파스타

Macaroni and Cheese

마카로니에 크림과 치즈를 섞어 만든 파스타

Pasta Carbonara

치즈, 후추를 섞은 소스에 베이컨을 넣은 파스타

Fettuccini Alfredo

페투치니면에 파마산 치즈와 버터를 녹인 파스타

Spaghetti Bolognese

토마토소스에 간 소고기를 넣어 만든 스파게티

(2) Meat Dishes

Meat Loaf

간 소고기를 식빵처럼 덩어리로 만들어서 구운 고기요리

Roasted Beef

소고기를 통째로 구운 요리

Veal Cutlet

송아지 고기를 돈가스처럼 튀김옷을 입혀 튀긴 요리

Cordon Bleu

닭고기 안에 햄과 치즈를 넣고 말은 후 빵가루를 입혀 구운 요리

Steal

고기 부위 종류별로 T-Bone, Fillet Mignon, NY strip 등이 있음.

Baked Chicken

오븐에 허브 등의 양념을 하여 구워낸 요리

BBQ Pulled Pork

돼지고기를 바비큐 양념하여 잘게 썬 요리. 주로 샌드위치처럼 빵 안에 넣어 먹는다.

Lamb Shanks

양 갈비요리. 보통 스테이크처럼 그릴에 구워져 나온다.

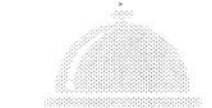

Chicken Pot Pie

파이 안에 닭고기와 각종 야채를 넣어 만든 요리

Fajita

멕시코 음식으로 철판에 구운 고기와 야채를 토띠아에 싸 먹는 음식

(3) Seafood Dishes

Broiled Fish

구운 생선

Shrimp Scampi

새우 버터구이

Whole Lobster

가재요리. 주로 스팀에 찐 가재요리를 말한다.

Lobster Mornay

양념된 랍스터 위에 치즈를 얹어 녹인 요리

Crab Cake

게살에 마요네즈 달걀, 빵가루를 입혀 살짝 구운 요리

(4) Side Dishes

Baked Potato

토핑으로 버터, 사워크림, 치즈 또는 칠리를 얹어 구운 감자

Mashed Potato

으깬 감자와 버터

French Fries

감자 튀김

Rice Pilaf

쌀밥에 버터, 고기, 야채, 향신료를 넣고 버무린 요리

Mixed Vegetable

각종 삶은 야채, 주로 깍지콩과 당근이 쓰인다.

5 후식(Dessert)

Apple Crisp

사과 조각 위에 밀가루, 설탕, 버터, 계핏가루, 오트밀을 섞어 토핑을 한 후 오븐에서 구운 디저트

Apple Pie

애플파이. 파이 안에 사과가 아닌 다른 과일을 넣으면 다른 파이가 된다.

Banana Split

바나나 사이에 아이스크림을 넣은 아이스크림 디저트

Cheesecake

밀가루 반죽 크러스트 위에 크림치즈, 설탕, 우유와 달걀을 섞어 구운 케이크

Cream Tart

밀가루 반죽 타르트 틀에 커스타드 크림으로 필링을 한 디저트

Parfait

프랑스어로 perfect란 뜻으로 크림, 아이스크림, 또는 무스와 각종 과자를 넣어 긴 컵에 담겨 나오는 디저트

Tiramisu

스폰지 케이크를 커피에 적신 후 달걀노른자, 설탕, 마스카포네 치즈 믹스를 얹은 후 코코아 파우더를 뿌린 케이크

Trifle

스폰지 케이크, 과일 위에 포도주, 젤리를 붓고 그 위에 커스터드와 생크림을 차곡차곡 쌓은 디저트

Ice Cream Sundae

아이스크림에 초코시럽, 각종 과자, 생크림, 체리 등을 올린 아이스크림 디저트

Key Lime Pie

파이반죽 위에 라임주스와 연유를 섞은 후 위에 달걀흰자 메링게를 올려 구운 파이

6 패스트푸드와 샌드위치(Fast Foods & Sandwiches)

(1) Hamburgers

Hamburger

빵 속에 고기 패티와 양상추, 토마토, 양파를 넣어 만든다.

Cheeseburger

일반 햄버거와 같은 속 재료로 만들어지며 치즈가 추가됨.

Chicken Burger

고기 패티 대신 튀긴 닭고기 가슴살을 패티로 사용한다.

Veggie Burger

간 야채를 패티로 만들어 고기 대신 사용함.

(2) Fast Foods

Burrito

토티아에 각종 고기, 콩, 양상추, 토마토 등을 넣어 만든 요리

Taco

멕시코 음식 타코. 갈아 볶은 고기, 양상추, 양파, 치즈 등을 하드 쉘 타코에 넣어 만든 요리

Pizza

이탈리아 음식으로 넓적한 반죽에 갖은 토핑과 모짜렐라 치즈를 올려 구운 요리

Hotdog

길쭉한 빵에 굽거나 소금물에 데친 소시지와 머스터드, 케첩 등으로 양념한 요리

Falafel

병아리 콩을 갈아 고로케처럼 만든 패티를 피타 빵에 넣고 양상추, 오이, 양파 그리고 각종 소스를 첨가하여 만든 요리

Doner Kebab

고기를 쌓고 구운 케밥을 썰어 샌드위치처럼 만든 요리

(3) Sandwiches

Tuna Sandwich

참치 샐러드를 넣은 샌드위치

Egg Salad Sandwich

달걀 샐러드를 넣은 샌드위치

Ham and Cheese Sandwich

햄과 치즈를 넣은 샌드위치

BLT

베이컨, 양상추, 토마토를 넣은 샌드위치

Reuben Sandwich

소금에 절인 소고기, 절인 양배추, 치즈를 호밀빵 사이에 넣어 구운 샌드위치

Cheese Steak Sandwich

얇게 썬 소고기를 양파, 피망과 함께 센 불에 볶은 후 치즈를 넣어 만든 샌드위치

Roast Beef Sandwich

로스트한 고기를 넣어 만든 샌드위치

7 음료(Beverages)

(1) Soft Drinks

Apple Cider

생 사과주스. 여과를 하지 않고 무가당임.

Bottled Water

생수

Cola

콜라

Ginger Ale

생강으로 만든 음료수

Iced Tea

아이스 티. 감미 안한 Unsweetened와 감미한 Sweetened가 있다.

Juice

주스. 생과일주스는 Fresh squeezed juice라고 한다.

Lemonade

레몬즙에 설탕을 넣고 물을 넣어 희석한 음료

Sparkling Water

탄산수. 레몬과 함께 서빙 되곤 한다.

Sprite

스프라이트, 사이다

Tap Water

수돗물. 외국에서는 수돗물을 마심.

(2) Coffee and Tea

Americano

에스프레소 + 뜨거운 물

Brewed Coffee

내린 커피

Cafe Latte

에스프레소 + 스팀우유

Cafe Macchiato

에스프레소 + 우유거품

Cappuccino

에스프레소 + 스팀우유 + 우유거품

Espresso(Short Black)

에스프레소

Espresso Con Panna

에스프레소 + 휘핑크림

Flat White

에스프레소 + 스팀우유(Latte의 반 정도)

Frappe

얼음 + 우유 + 설탕 + 물 + 인스턴트 커피

Iced Coffee

내린 커피 + 얼음

Mocha

에스프레소 + 스팀우유 + 코코아 또는 초코시럽

English Tea

진한 홍차

Green Tea

녹차

Peppermint

페퍼민트차

8 메뉴 표현(The Expressions in Menu)

~•~•~•~•~ Breakfast ~•~•~•~•~

Continental Breakfast

A Choice of Orange Juice, Grapefruit Juice, Apple Juice, Tomato Juice
Breakfast Basket with pastry, Croissant and Muffin
Butter or Jam, Marmalade and Honey
A Choice of Freshly Brewed Coffee, Decaffeinated Coffee, Tea, Hot chocolate
각종 주스류 중 선택, 다양한 빵과 커피,
홍차 또는 핫 초콜릿이 곁들여집니다.

American Breakfast

A Choice of Orange Juice, Grapefruit Juice, Apple Juice, Tomato juice
Two Fresh Farm Egg Any Style
Your Choice of Ham, Sausage or Bacon
Breakfast Basket with Bread, Butter or jam Marmalade and Honey
A Choice of Freshly Brewed Coffee, Decaffeinated Coffee, Tea, Hot Chocolate
각종 주스와 계란요리 및 햄, 소시지 또는 베이컨 중 선택
다양한 빵과 커피 홍차 또는 핫 초콜릿이 곁들여집니다.

Cream of Wheat

Served with milk, Skimmed milk or cream
호밀죽

Corn Flakes, Rice Crispies

All Bran Shredded Wheat or Frosted Flakes
Served with Milk, Skimmed Milk or Cream with Fresh Fruit
각종 시리얼

Freshly made Birchermuesli

버쳐 무슬리

Abalone Porridge

전복죽

Bread Basket

Danish, Croissant, Muffin, Toast

각종 빵

French Toast, Raisin Bread

Dipped in Egg Batter and Pan-Fried, Served with maple Syrup

프렌치 토스트

Apple Raisin pancakes

Served with Maple Syrup

팬케이크와 단풍시럽

Belgian Waffle

Served with Blueberry Sauce

와플케이크와 블루베리 소스

Omelette

Three Eggs Omelette Plain or with a Selection of Bacon, Mushroom, Tomato or Cheese

햄, 토마토, 베이컨, 버섯 또는 치즈 오믈렛

Breakfast Steak 6oz/170g and Two Eggs Any Style

Served with Hash Browns and Grilled Tomato

계란요리와 쇠고기 등심 스테이크

Lox and Cream Cheese

Served with Toasted Bagel

베이글과 크림 치즈

Half Grapefruit

자몽 반개

Stewed Prunes

절인 자두

Fruit Compote

과일 절임

Seasonal Fruits

신선한 계절과일

~•~•~•~•~ Appetizer and Salads ~•~•~•~•~

Assorted Mikado Sushi

Accompanied by California Roll, Shrimp, Eel and Crab Rolls

새우 장어 게살의 모둠 스시와 캘리포니아 롤

Smoked, Cured and Peppered Salmon

Served with Scandinavian Flat Bread

스칸디나비아 빵과 세 가지 모둠 훈제연어

Oysters, Shrimps, New zealand Mussels with Tequila Cocktail Sauce

칵테일소스와 해산물 모둠

~•~•~•~•~ Burger and Sandwich ~•~•~•~•~

•

California Burger

Served with Cheese, Avocado, Tomato and Bacon

아보카도와 베이커, 치즈를 곁들인 캘리포니아 버거

The Club Sandwich

Toasted Triple Decker with Shaved Turkey Breast, Bacon and Lettuce

칠면조 가슴살과 베이컨을 곁들인 샌드위치

Thai Roasted Chicken Sandwich

With Sweet Chili Sauce on a Garlic Kaiser Roll with Cucumber Sticks and Water Melon

카이저롤을 곁들인 치킨 샌드위치

US Roast Beef Sandwich

On a Sour Dough Bread Mustard and Horseradish Spread

사워 도프를 곁들인 미국산 쇠고기 샌드위치

~•~•~•~•~ Main Course ~•~•~•~•~

Grilled Chicken Breast

With Citrus Salsa, Fresh Vegetables and Basmati Rice

구운 닭 가슴살과 인디안 라이스

US Fillet Steak(8 oz)

Served with Caramelized Garlic, Vegetables Ratatouille and Herbs Mashed Potato

미국산 쇠고기 안심구이

US Sirloin Steak(10 oz)

Served with Stirfried vegetables and Oven Baked potato

미국산 쇠고기 등심 스테이크

Fish and Chips

Batter Fried Fish Fillet with Malt Vinegar and Tartar Sauce

생선 튀김과 감자튀김

Pan Fried Salmon Fillet

On Mango salsa, Seasonal Vegetables and Steamed Cilanro rice

망고 살사를 곁들인 연어요리

Oven Baked Cod Fillet

With Wasabi Mayonnaise, Soya Sauce Stewed Vegetables and Steamed Rice

와사비 마요네즈와 대구살 요리

Marinated Pork Neck

Filled with Herbs and
Served with Roasted Potatoes

오븐 구이한 감자 요리와 돼지 목살 요리

Roast Duck

Served with Onion and Roasted Apples

로스트한 사과와 오리 구이

Prime Rib of Beef

Served with Blue Cheese Butter and Oven Baked Potato

최상의 쇠고기 갈비

Suckling Pig

Served with Baby Greens, Bread Croutons and Roasted Onion Salad

오븐 구이한 어린 돼지요리와 신선한 야채

~•~•~•~•~ Korean Specialty ~•~•~•~•~

Bibim Bap

Sizzling Rice in a Stone Pot with sliced Beef and vegetables

돌솥 비빔밥

Kalbi Gui

Broiled Beef Ribs Marinated with Ginger, Garlic and Soy Sauce

갈비구이

Korean Bulgogi

Sauted Sliced Beef Marinated with Garlic, Sesame Oil and Soy Sauce

불고기

Gori Gom Tang

Korean Oxtail Soup with Ginseng Chestnuts

꼬리 곰탕

~•~•~•~•~ Asian Favorite ~•~•~•~•~

Hainanese Chicken Rice

Chilled Marinated Chicken with Soup Rice

하이난니스 닭고기 라이스

Nasi Goreng

Indonesian Spicy Fried Rice with Pork, Beef and Shrimps

Topped with a Fried Egg

쇠고기와 새우를 곁들인 인도네시아식 볶음밥

Shrimps and Scallops

Sauteed with Homemade XO Sauce, Celery and Straw Mushrooms

Served with Steamed Rice

XO 소스와 새우와 관자요리

Fu Kien

Fried Rice Shrimps, BBQ Duck, Conpoy and Black Mushrooms

새우, 바비큐 오리 볶음밥

Practical Cooking English

조리실무영어
Chapter

레시피(Recipe)

1. 레시피 구성요소와 메뉴명
2. 레시피의 기본 표현
3. 레시비 예문

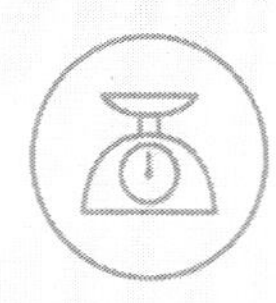

1 레시피 구성요소와 메뉴명

영문 레시피는 크게 메뉴명, 재료 및 손질방법, 조리법의 세 종류로 구분된다. 이번 단원에서는 레시피를 적는 방법과 기타 레시피에 포함되는 내용을 개괄적으로 설명하고자 한다.

(1) 메뉴명 표기법

메뉴명은 음식을 먹기 전에 이 메뉴가 어떤 재료를 써서 어떻게 만들어졌는지를 한눈에 보여주는 것으로 메뉴 선택에 있어 매우 중요한 구실을 하는 커뮤니케이션 도구이다.

메뉴명의 표기는 크게 조리법 중심형, 재료 중심형 및 스타일 중심형 등 세 가지로 나눌 수 있다.

1) 조리법 중심형

조리법 중심형은 메뉴명에 조리법을 구체적으로 적어주고 후에 주재료와 소스 등을 적는 방식으로 조리법과 주 메뉴, 소스와 드레싱이 중요성을 띠는 구성이라고 할 수 있고 일반적으로 다음과 같이 구성된다.

예 Grilled chicken with honey mustard sauce
(허니 머스타드 소스를 곁들인 그릴에 구운 닭고기)
Broiled chicken breasts with Fennel
(펜넬을 곁들인 닭 가슴살 구이)

2) 재료 중심형

이 방식은 재료의 이름을 단순히 "콤마(,)"를 이용해 메뉴에 들어가는 재료를 나열하는 방식으로 주재료는 앞에 쓰고 부재료를 뒤에 붙여 쓴다. 고객에게 메뉴에 들어가는 모든 재료 정보를 제공함으로써 고객이 체질이나 성향에 따라 메뉴를 고를 수 있도록 배려하는 방식이며 특정 재료에 대한 알레르기가 있는 고객에게는 예상치 못한 재료로 인해 기분을 망치는 일이 없도록 도와준다. 또 주문을 받는 사람이 메뉴에 들어가는 재료를 일일이 설명하지 않아도 되는 것이 장점이 될 수 있다.

예 Baked goat Cheese, Garden Salad, Olive Oil, French Thyme
(올리브오일, 타임, 가든 샐러드를 곁들인 구운 산양치즈)
Spinach wrapped Sea Urchin Roe, spicy Hollandaise, Mushroom
(표고버섯과 매콤한 홀랜다이즈 소스를 곁들인 시금치에 말은 성게알)

3) 형식 및 스타일 중심형

이 표기 방식은 메뉴를 만드는 일정한 형식이나 처음 만든 사람의 이름을 따서 표기하는 것이다.

예 Muligatony soup
(인도풍의 커리 수프)

(2) 산출량

산출량(Yield)은 들어가는 재료로 만들 수 있는 양이 얼마인지를 알려주는 것으로 인분의 형태로 표현되거나 특정한 단위를 그대로 쓰기도 한다.

Yield : 4 portions - 4인분
Yield : 1 loaf - 빵 1덩어리
Yield : 4~5 servings - 4~5인분

(3) 계량 단위

영문 레시피에서는 보통 재료명을 먼저 쓰는데, 수량과 단위를 쓰는 우리 방식과 다르게 수량과 단위를 먼저 쓰는 것이 일반적이다.

예 2-3Tbs balsamic vinegar
1/2cup flour

(4) 음식 재료명

음식재료명은 수량과 발주 단위 다음에 나오며 레시피를 이해하는데 가장 기본이 되며 일반적으로 다음과 같이 표기된다.

예 3-4 sprigs fresh thyme
1/2 cup vegetable oil

(5) 재료 손질에 주로 쓰이는 용어

재료의 손질을 나타내는 말은 일반적으로 영문 레시피에서 다음과 같은 형태로 쓰인다.

예 1/2 lb carrot, finely chopped

레시피의 기본 표현

(1) 동사

add to	~에 넣다
adjust	농도 따위를 맞추다
arrange	가지런히 놓다
bake	굽다
baste	국물을 재료 위에 끼얹다
beat	(달걀)휘젓다. 풀다, 치다
blend	섞다
blood out	(고기 등의 핏물을) 빼다
boil	끓이다
bread	빵가루를 입히다
brown	겉을 갈색이 나게 하다
brush	붓 따위로 발라주다
butterfly	절반으로 잘라 펴다
char	태워서 새까맣게 그을리다
chill	식히다
chop	다지다
coat	표면에 얇게 덮이게 하다
combine	합치다
core out	속을 파내다
crush	으깨다
defrost	해동시키다
degrease	뜨는 기름기를 제거하다
devein	새우내장을 빼다
dice	사각으로 썰다
dip	살짝 담그다

discard	버리다
divide	나누다
double boil	중탕을 하다
drain	물기를 빼다
drizzle	위에서 뿌리다
ferment	발효하다
fill up	채우다
filter	거르다
flip over	앞뒤로 뒤집다
freeze	냉동시키다
glaze	윤기 나게 조리다
grill	석쇠에 굽다
grind	갈다
heat	팬 등을 달구다
knead	빵, 수제비 등을 반죽하다
ladle	국자로 푸다
marinate	양념에 재우다
mash	으깨다
measure	무게를 재다
melt	가열해서 녹이다
mince	고기 등을 다지다
mix	섞다
pan fry	팬에 기름을 두르고 지지다
parboil	미리 살짝 삶아두다
portion	1인분 분량으로 나누다
pound	두드려 펴다
pour	붓다
preheat	예열하다
proof	반죽을 숙성시키다
reduce	국물, 불 등을 줄이다

refrigerate	냉장 보관하다
rehydrate	말린 것을 다시 물에 불리다
remove	제거하다, ~에서 꺼내다
rest	고기, 반죽 등을 잠시 두다
rinse	채소 등을 물로 씻다
roll put	반죽을 밀어 늘리다
saute	센 불에 빨리 볶다
score	표면에 칼집을 내다
scrape	팬에 눌러 붙은 것을 긁어내다
set aside	한쪽으로 놓다
shred	잘게 찢다
sift	체에 내리다
simmer	뭉글하게 끓이다
skewer	꼬치에 꿰다
skin	껍질을 벗기다
slice	얇게 썰다
soak	물에 담가놓다, 불리다
split	쪼개다
sprinkle	위에 흩뿌리다
squeeze	쥐어짜다
steam	수증기로 찌다
stir	휘젓다
stuff	속을 채우다
tenderize	고기 등을 연하게 하다
thaw	언 재료를 해동시키다
thicken	소스 등의 농도를 진하게 하다
toast	노릇하게 굽다
truss	닭 등을 실로 묶다
trim	손질하다
transfer	~로 옮기다

turn down	불 따위를 줄이다
turn off	불을 끄다
use	도구를 사용하다
unmold	틀에서 꺼내다
wash	씻다
whisk	거품기로 휘젓다
wrap	포장하다
zest	레몬 등을 껍질만 벗겨내다

(2) 형용사

chopped	다져진
crushed	으깬
peeled	껍질이 벗겨진
diced	주사위 모양으로 잘라진
scaled	비늘을 벗긴
cored	과일 등의 속심이 벗겨진
sauteed	볶아진
cut	잘라진
boiled	삶아진
blended	섞인
roasted	구워진
cooked	요리된
grated	갈아진
garnished with	~로 장신된
greased	기름칠이 된
fried	튀긴
drained	물기가 제거된
coated	코팅이 된

heated	가열된
melted	녹여진
marinated	절인
whipped	거품 나게 저어진
smoked	훈제된
washed	세척된
sifted	체로 걸러진
blanched	살짝 삶아진
sliced	얇게 썰어진
thickened	소스 등이 진하게 된
simmered	천천히 끓여진
sprinkled	뿌려진

(3) 명사구

chopped parsley	다져진 파슬리
crushed garlic	으깨진 마늘
peeled potato	껍질이 벗겨진 감자
celery stalks, thickly sliced	굵게 썰어진 셀러리
lemon wedge	레몬 쐐기
squeezed lemon juice	짠 레몬 즙
red pimento, cored, seeded and diced	힘줄과 씨가 제거되고 다이스로 썰어진 홍피망
fresh root ginger, peeled and grated	껍질을 벗기고 갈아진 생강
lettuce, soaked in cold water and drained	찬물에 담군 후 물기가 빠진 양상추
lemon zest	레몬껍질
grated parmesan cheese	갈린 파마산 치즈
all purpose flour	다목적 밀가루
flour for dusting	표면에 뿌릴 밀가루

oil for deep fat frying	튀김용 식용유
softened butter	부드러운 버터
skinned fish	껍질이 제거된 생선
fish fillet	순수한 생선 살코기
unshelled clams	껍데기를 연 조개
fish roe	생선알
boiling stock	끓는 육수
lukewarm water	미지근한 물
boiling point	비등점
over the low(medium, high)heat	저열(중열, 고열)에서
running water	흐르는 물
chicken, giblets removed	내장이 제거된 닭
boneless chicken breast	뼈가 발라진 치킨 가슴살
eggyolk for greasing	표면에 윤기를 낼 달걀노른자
beef fillet	순살 쇠고기
minced beef	잘게 갈린 쇠고기
potatoes, cut into chunks	크게 자른 감자 조각
can pineapple chunk	캔에 든 파인애플 조각

(4) 짧은 문장

Chop the parsley finely	파슬리를 곱게 다져라
Slice the onions thinly	양파를 가늘게 썰어라
Peel and slice the celery	셀러리 껍질을 벗기고 얇게 썰어라
Cut meat into small dice	고기를 작은 다이스로 자르라
Cut into halves	반으로 자르라
Mix all the ingredients in a bowl	볼에서 모든 재료를 섞어라
Fill a pan with enough water	팬에 물로 넉넉히 채우시오

Twist to squeeze the lemon out	레몬을 뒤틀어서 즙을 짜라
Wash and drain the lettuce thoroughly	양상추는 씻은 후 물기를 완전히 제거하라
Simmer the meat until tender	고기가 부드러워질 때까지 천천히 요리하라
Cook until tender and transparent	부드럽고 투명해질 때까지 요리하라
Saute the tomato paste until lightly browned	토마토 페이스트가 갈색이 날 때까지 볶아라
Beat the eggs until frothy	달걀이 거품이 일어날 때가지 쳐라
Melt the butter in the pan	팬에서 버터를 녹여라
Heat the oil in the pan	팬에서 기름을 달구어라
Add the onion and carrot to the pan	양파와 당근을 팬에 넣어라
Brown the bread on both sides in the pan	빵 양면을 팬에서 갈색화시켜라
When the water begins to boil	물이 끓기 시작하면
Skimming off surface as necessary	필요하면 표면의 찌꺼기를 걷어내면서
Continue to cook, stirring constantly	때때로 저어가면서 계속 요리하라
Knead dough until smooth	치대어 반죽을 부드럽게 만들어라
Pass the sauce through fine sieve	소스를 고운체에 내려라
Adjust seasoning to taste	간을 조절하라
Season with salt and pepper to taste	소금, 후추로 간을 하라
Sprinkle with chopped parsley	파슬리 다진 것을 뿌려라
Adjust consistency with water	물로 농도를 조절하라
Keep in the room temperature	상온에서 보관하라
Make it cool and refrigerate	식힌 다음 냉장하라
Soak in the cold water	찬물에 담가 놓아라
Marinate in white wine	백포도주에 절여라

3 레시피 예문

(1) Appetizer

1) Deviled Eggs

Ingredients(8 servings)

4 ea	hard boiled eggs
1 tablespoon	sweet or India redish
1 tablespoon	ketchup
1 tablespoon	mayonnaise or salad dressing
½ teaspoon	prepared mustard
	salt and pepper, to taste
	paprika and parsley flakes(optional)

Directions

1. Place eggs in saucepan.
2. Cover with at least one inch of cold water over tops of shells.
3. Cover pot with a lid and bring to a boil over medium heat.
4. As soon as the water comes to a full boil, remove from heat and let stand.
5. Cool the eggs in the ice water.
6. Cut eggs lengthwise and remove yolks.
7. Blend yolks with remaining ingredients, mashing until smooth.
8. Using a pastry bag, squeeze the egg mixture into the egg white halves.
9. Sprinkle top lightly with paprika and parsley flakes.
10. Refrigerate until served.

(2) Soup

1) Clam Chowder Soup

Ingredients(4 servings)

6 ounce	minced clams
1 cup	minced onion
1 cup	diced celery
2 cups	cubed potatoes
1 cup	diced carrot
¾ cup	butter
¾ cup	all-purpose flour
1 quart	half-and half cream
2 tablespoons	red wine vinegar
1 ½ teaspoons	salt
	To taste, ground black pepper

Directions

1. Drain juice from clams into a large skillet over the onions, celery, potatoes and carrots.
2. Add water to cover and cook over medium heat until tender.
3. Meanwhile, in a large, heavy saucepan, melt the butter over medium heat.
4. Whisk in flour until smooth. Whisk in cream and stir constantly until thick and smooth.
5. Stir in vegetables and clam juice. Heat through, but don't boil
6. Stir in clams just before served. if they cook too much, they get tough.
7. When clams are heated through, stir in vinegar and season with salt and pepper.

2) Mushroom Soup

Ingredients(4 servings)

6 tablespoons	butter
4 tablespoons	flour
½ teaspoon	white pepper
2 pints	chicken stock
1 pound	mushrooms, finely chopped
8 tablespoons	cream
	Parsley
	Salt, to taste

Directions

1. Heat the butter in a pan.
2. Add the flour and seasonings.
3. Gradually stir in the stock, stirring until thick.
4. Add the chopped mushrooms and simmer 20 minutes.
5. Add the cream slowly, and sprinkle with minced parsley.
6. Serve at once.

3) Potato Soup

Ingredients(4 servings)

1 pound	veal shoulder
¼ pound	ground beef, lean
3 pints	water
4 large	potatoes, peeled & sliced
2 medium	onions, chopped

2 pc	leeks, sliced
2 tablespoons	butter
1 ea	bay leaf
3 sprigs	parsley
1 teaspoon	salt
½ teaspoon	white pepper
1 cup	white wine
12 tablespoons	heavy cream

Directions

1. Cook the veal and beef in the water until tender.
2. Remove the meat from stock and reserve for use as slices with Horseradish Sauce.
3. Brown the potatoes, onions and leeks in the butter over low heat for 10 minutes.
4. Add all the ingredients except the cream to the liquid in which the meat was cooked, and cook 1½ hours.
5. Press through a sieve.
6. Reheat, and add the cream slowly.
7. If the soup is thicker than you want it to be, add a little more cream.
8. Serve with croutons.

(3) Salad

1) Salmon Salad

Ingredients(6 servings)

2 cups	salmon, cooked
1 cup	mushrooms, sliced

2 tablespoons	butter
1 teaspoon	lemon juice
2 cups	diced celery
4 tablespoons	butter
4 tablespoons	flour
1 cup	fish stock
½ teaspoon	sugar
1 tablespoon	white vinegar
3ea	egg yolks, beaten
2 tablespoons	white wine
	salt, white pepper, parsley, lettuce

Directions

1. Poach salmon in water to cover. Drain and save stock.
2. Sauté mushrooms in butter and add lemon juice just before removing from heat.
3. Drain and add cooking liquid to fish stock.
4. Mix fish, mushrooms and celery together. Chill while you prepare the dressing.
5. Pour the dressing gently into the chilled fish mixture.
6. Serve on a bed of lettuce leaves.

DRESSING

1. Melt the butter over low heat. Stir in the flour a little at a time until smooth.
2. Add the stock gradually, stirring after each addition. Remove from heat and let cool. Add sugar and vinegar and mix well.
3. Add egg yolks and stir until the mixture is smooth. Add the white wine, salt, pepper and a little minced parsley, mixing well.

2) Caesar Salad

Ingredients(4 servings)

3 oz	bread, cut into cubes
3 tablespoons	olive oil
90g	chicken breast, cut into ½ inch thick
60g	romaine lettuce
1/4c	lemon juice, freshly squeezed
3 oz	mayonnaise
3 oz	parmesan cheese, grated
1 ea	anchovy fillet, coarsely chopped
1 clove	garlic
pinch	salt and pepper

Directions

1. Make the croutons with cubed bread. preheat the oven to 175℃.
2. Place the bread in a baking sheet pan. Drizzle with 3 tablespoons of olive oil and season with salt and pepper. Toss and bake for 10 minutes until golden brown. Remove the croutons from the pan and let cool.
3. Heat a large pan over high heat. Season chicken with salt and pepper on both sides. Cook them through for 3~5 minutes. Remove it from the heat. Once it cooled, slice the chicken crosswise into strips.
4. Cut the romaine lettuce crosswise into 2.5cm. Rinse under cold water and drain them well.
5. Make the dressing. In a blender, combine lemon juice, mayonnaise, cheese, anchovy fillet and a garlic clove. Blend them all until smooth.
6. Place lettuce on a plate and place chicken strips on top. Toss with the croutons and pour dressing. Serve immediately.

3) French Dressing

Ingredients(4 Cups)

½ cup	cider or red wine vinegar
3 cloves	fresh garlic, peeled
¼ cup	water
1 ½ cups	olive oil
1 small can	tomato puree or soup
2 teaspoons	Worcestershire sauce
¼ ~ ½ cup	sugar, to taste
½ teaspoon	black peppercorns
1 teaspoon	prepared mustard
1 shallot	peeled (optional)

Directions

1. In a blender or food processor, process garlic and vinegar.
2. Allow to sit for 5 minutes before proceeding with recipe.
3. This takes the raw edge off garlic flavor.
4. If using a shallot, add and process at this point, along with any chosen fresh herbs.
5. Add remaining ingredients and process until smooth.

Note

This is a basic recipe; herbs such as fresh basil, oregano and thyme may be added for variation.

(4) Main Dish

1) Fish Fillets with Almonds

Ingredients(4 servings)

2 pounds	cod fillets
2 tablespoons	melted butter
½ cup	mayonnaise
1 tablespoon	lemon juice
1 teaspoon	onion, minced
2 ea	egg whites
½ cup	slivered almonds, toasted
	salt
	pepper

Directions

1. Arrange fish fillets in a single layer in a shallow greased baking dish.
2. Sprinkle with salt and pepper and brush with the butter.
3. Broil in a preheated broiler about 5 minutes, or until fish begins to flake.
4. Drain liquids from baking dish carefully to avoid breaking fillets.
5. While the fish is broiling, start to prepare the following:

TOPPING

1. Mix the mayonnaise, lemon juice and onion together.
2. Beat the egg whites until stiff and fold into the mayonnaise mixture very gently.
3. Spread over the broiled fillets.
4. Sprinkle with the slivered almonds.
5. Return to broiler until the top is lightly browned and a little puffy.

2) Chicken with Prawns and Asparagus

Ingredients(4 servings)

2 tablespoons	butter
5 pounds	chicken pieces
2 small	onions, finely chopped
3 tablespoons	flour
1⅞ cups	chicken stock
1 teaspoon	salt
½ teaspoon	black pepper
½ teaspoon	paprika
¼ teaspoon	cayenne pepper
1 teaspoon	dried dill weed (optional)
1 ea	bay leaf
2 tablespoons	madeira
1 pound	canned asparagus, drained
½ pound	prawns, shelled
⅝ cup	heavy cream

Directions

1. Melt butter, moderate heat, in the large flameproof casserole.
2. Add chicken, cook 8 to 10 minutes, turning occasionally (until well browned).
3. Add chopped onions and cook until translucent (5 to 7 minutes). Remove from heat, stir in flour to make smooth paste. Stir in chicken stock, avoiding lumps. Add salt, pepper, paprika, cayenne, dill, bay leaf, and Madeira.
4. Boil over moderate heat, stirring constantly. Reduce to low heat, add

chicken, cover, cook 30 minutes. Stir in asparagus and prawns, cook 30 minutes (until chicken tender). Place chicken in deep-sided serving dish; keep hot.

5. Stir cream into casserole, cook, stirring constantly 2 to 3 minutes (until hot). Pour over chicken, discard bay leaf, serve immediately.

Notes

Prawns should probably be put in later, like, 10 minutes before serving.

3) Pork Tenderloins

Ingredients(6 servings)

12 ea	dried prunes
2 pounds	pork tender loin
1ea	apple, chopped
¾ cup	water
¼ cup	cold water
2 tablespoons	flour
¼ teaspoon	salt
⅛ teaspoon	pepper
	salt

Directions

1. Boil prunes in water for 5 minutes. Drain, remove pits.
2. Cut tenderloins lengthwise almost in half.
3. Sprinkle cut sides with salt and pepper.
4. Place half the prunes and apple on the center of each.
5. Tie up with skewers and string.

6. Roast in 160℃ oven.
7. Remove pork to warm platter.
8. Add ¾ cup water to pan, stir to loosen browned bits.
9. Pour into 1 quart saucepan. Bring to a boil.
10. Add ¼ cup water mixed with flour to drippings, heat to boiling, stirring constantly.
11. Add salt and pepper. Boil, stirring 1 minute.
12. Cut pork in slices. Serve with gravy.

4) Fillet of Beef

Ingredients(6 servings)

4 pounds	beef sirloin steak
½ pound	butter
½ cup	flour
1 cup	beef stock
¾ cup	champagne
2 tablespoons	tomato sauce
1 teaspoon	salt
¼ pound	mushrooms, sliced
2 tablespoons	sherry
	Pepper

Directions

1. Roast the fillet 1½ hours in a preheated 180℃ oven.
2. Melt 6 tablespoons of the butter in a frying pan.
3. Add the flour, stirring until smooth and browned.
4. Add the beef stock into the roasting pan, stirring until the sauce comes

to a boil. Add the wine, tomato sauce and salt.

5. Mix well. Cover and cook over low heat for 45 minutes.
6. Melt the remaining butter in another pan.
7. Sauté the sliced mushrooms for 5 minutes, stirring occasionally.
8. Add the sherry and pepper to taste.
9. Heap mushrooms and their cooking liquid over the beef.
10. Slice it and serve with a separate bowl of the gravy.

(5) Sauce

1) Tomato Sauce

Ingredients

120 ~ 180ml	olive oil
225g	diced onions
4 clovers	garlic, minced or sliced very thinnly
3.15kg	fresh tomato, rinsed, cored and chopped
600ml	tomato puree
	chopped basil leaves
	Salt pepper, as needed

Directions

1. Heat the olive oil in a shallow pot, over medium heat. Add the onions and cook for 12~15 minutes, stirring occasionally until a light golden color.
2. Add the garlic and continue to saute, until being a pleasing aroma for about 1 minute.
3. Add the tomatoes and tomato puree.

4. Bring the sauce to a simmer and cook over low heat, for about 45 minutes.
5. Add the basil and simmer for 2~3 minutes. Taste the sauce and adjust with salt and pepper if necessary.

2) Cinnamon Sauce

Ingredients

3 ea	egg yolks
2½ tablespoons	sugar
½ tablespoon	cornstarch
1 cup	water
1 pinch	salt
1 ea	lemon, juice only
¾ cup	whipping cream
1½ teaspoons	cinnamon

Directions

1. Beat egg yolks and sugar together.
2. Mix the cornstarch with the water and cook until thick and clear.
3. Remove from heat. Stir into the egg mixture.
4. Return to heat and cook, stirring, until thickened.
5. Add the salt and the lemon juice.
6. Whip the cream. Fold into the mixture with the cinnamon just before served.

(6) Dessert

1) Chocolate Trifle

Ingredients

1 box	chocolate fudge cake mix
3 oz	package instant chocolate pudding
1/2 cup	strong brewed coffee
16 oz	whipped cream
1.5 oz	chocolate covered coffee bars-crushed

Directions

1. Bake cake according to package instructions. Cool completely.
2. Prepare instant pudding according to package instructions.
3. Place half of the cake into the bottom of a 4~5 quart dish.
4. Drizzle half of the coffee over the cake.
5. Spread half of the pudding over the cake and coffee.
6. Spread half of the whipped cream over the pudding layer.
7. Sprinkle half of the crushed toffee bars over the whipped topping layer.
8. Repeat layers of cake, coffee, pudding and whipped cream.
9. Sprinkle the remaining toffee bar over top.
10. Chill at least 4 hours before served.

2) Apple Pudding

Ingredients(8 servings)

8 ea	large apples
¼ cup	sugar
2 tablespoons	butter
⅓ cup	water
3 ea	eggs
3 tablespoons	flour
3 tablespoons	sugar
1 cup	cream
	cinnamon
	whipping cream

Directions

1. Pare, core and slice the apples.
2. Make a syrup of the sugar, butter and water.
3. Cook the apples in the syrup until tender.
4. Place in a buttered baking dish.
5. Beat the eggs until creamy.
6. Add the flour and sugar and mix well.
7. Add the cream slowly and pour mixture over the apples.
8. Bake in a moderate oven (preheated to 170℃) for 50 minutes.
9. Cover the baking dish with waxed paper while cooking to prevent browning too much.
10. Serve topped with whipped cream and a little cinnamon.

3) Carrot Pudding

Ingredients(6 servings)

1 teaspoon	baking soda
1 cup	potatoes, grated
1 cup	carrots, grated
1 cup	sugar
1 cup	flour
1 cup	raisins
1 teaspoon	salt
½ teaspoon	white pepper
1 ea	egg
2 tablespoons	melted butter
½ teaspoon	cinnamon
½ teaspoon	nutmeg

Directions

1. Add the soda to the potatoes and mix well. Then mix the remaining ingredients in the order, and combine with potatoes.
2. Put in a buttered baking dish and steam 2 hours in a moderate oven (preheated to 170℃), placing the baking dish in a pan of water to prevent scorching on the bottom.
3. Remove from oven.
4. Let cool 5 minutes.
5. Remove pudding from baking dish by inverting over serving platter.

4) Pound Cake

Ingredients

800g	cake flour
640g	sugar
480g	butter
160g	shortening
8g	salt
160g	water
16g	powdered skim milk
16g	dough softener
4g	vanilla scent
16g	B.P
640g	eggs

Directions

1. Add the butter and the shortening in the mixing bowl and mix it at mid-high speed
2. Add sugar, salt and dough softener and mix it at high speed until the dough turns white. Add the eggs and mix with mid-high speed.
3, Put the dough into a large bowl, add the sieved cake flour, powdered skim milk, B.P, vanilla scent, mixing them softly and slowly using a wooden spatula.
4. Add water(40~60℃) little by little at low or middle speed.
5. Pour the dough into 4 loaf pans
6. Bake them in the oven for 15 minutes, take them out when the surface gets brown and the crust is made, and then break the surface using a spatula covered with oil.

7. As soon as they are taken out, put them on a cooling pan and coat them with egg water using a brush.

5) Butter Cream Cake

Ingredients(Makes 1)

3 ea	eggs
½ cup	sugar
1 cup	flour, sifted
4 tablespoons	butter
1 tablespoon	strong coffee extract
	Almonds, chopped

Directions

1. Beat the eggs and sugar together for 5 minutes.
2. Add the flour, melted butter and the coffee extract, beating well with each addition.
3. Pour into a small buttered square pan.
4. Bake in a moderate oven (180℃) for ½ hour.
5. When done, invert the pan on a cake rack and let cool.
6. When the cake is cold, cut it into two layers.
7. Spread one with the filling and put the other layer together and spread the rest of the filling over the top.
8. Press chopped almonds lightly around the edge of the cake.

6) Whole Wheat Biscuits

Ingredients

2 cups	whole-wheat flour
1 cup	white flour
3 teaspoons	baking powder
2 tablespoons	sugar
½ teaspoon	salt
¼ cup	soft butter
1 cup	milk

Directions

1. Mix flours, baking powder, sugar and salt, and sift 3 times.
2. With the tips of your fingers, work in the butter, mixing to a dough with the liquid.
3. Knead very lightly on a floured board.
4. Roll into a sheet about 1 inch thick and cut into rounds.
5. Bake 15 to 20 minutes on a greased sheet in a preheated 170~180℃ oven.

(7) Bread

1) Raisin Pan Bread

Ingredients(1 loaf)

1400g	bread floor
840g	water
42g	yeast
14g	dough conditioner

28g	salt
70g	sugar
84g	margarine
42g	powdered skim milk
70g	eggs
700g	raisin

Directions

1. Make the batter. In the bowl of the stand mixer, combine all the ingredients except margarine. knead the dough from the slow speed. Once the dried ingredients are mixed, keep mixing at higher speed. Add the margarine to the mixing bowl and start to mix it at slow speed and gradually speed up.
2. Add raisin to the dough and mix them at low speed
3. Shape the dough into rounds.
4. Put the dough into a proofer for 50~60 minutes with the dough covered with linen or plastic to prevent it from getting dry. Make the temperature of the proofer 27℃ and the relative humidity 75~80%.
5. When the first fermentation is over, Divide the dough using a bench scraper and shape it into rounds. (each weighing 200g)
6. Cover the balls of the dough with plastic or linen, and let them rest, fermenting them at the room temperature for 10~15 minutes. This step is known as 'bench rest'
7. After sprinkling a little flour, sheet them, releasing gases built up during fermentation, curl them softly with fingertips and seal them. This process is known as 'moulding'
8. Put 3 balls of the dough into a loaf pan
9. Do the final fermentation(called the second fermentation) in the proofer.

10. Bake it for 10~15 minutes.
11. Let them cool before being served.

2) Gingerbread

Ingredients(2 servings)

1 cup	soft butter
1 cup	sugar
1 cup	molasses
2 teaspoons	baking soda
1 cup	sour milk
2½ cups	flour
1 teaspoon	ginger
1 teaspoon	cinnamon
1 teaspoon	allspice
4 ea	eggs, beaten

Directions

1. Cream butter and sugar well.
2. Stir in molasses and mix well.
3. Stir soda into the sour milk. (To turn sweet milk sour quickly, add 1½ tablespoons of lemon juice or 1½ tablespoons of vinegar to lukewarm sweet milk. Let stand a few minutes before you use it.)
4. Add milk to the creamed mixture with the sifted dry ingredients and the eggs alternately. Beat well after each addition of the beaten eggs.
5. Pour into 2 greased and floured baking pans (9 × 12). Bake 45 to 55 minutes in a preheated 170~180℃ oven.
6. Serve plain or warm with your favorite hard sauce.

3) Cheese Bread

Ingredients(2 loaves)

1 cup	milk, scalded
¼ cup	sugar
1 teaspoon	salt
2 packages	dry yeast
½ cup	warm water
5 cups	flour
2 cups	sharp cheddar cheese, grated

Directions

1. Stir sugar and salt into the hot milk and let cool to lukewarm.
2. Soften the yeast in the warm water until dissolved.
3. Combine the 2 mixtures and blend well.
4. Add 2½ cups flour and stir until smooth.
5. Add the grated cheese. Mix well.
6. Add enough of the rest of the flour to make a stiff dough.
7. Put dough on a floured board and knead it for about 10 minutes.
8. Place it in a greased bowl and let it rise in a warm place until doubled in bulk.
9. Put it back on the board and shape into 2 loaves.
10. Bake in greased loaf pans(9 × 5 × 3) for about 35 minutes in a preheated 170~180℃ oven.

(8) Korean Food

1) Bul Go Gi(Beef marinated in soy sauce)

Ingredients(4 servings)

2 lb	beef(loin steak), thinly sliced
3 sprigs	green onions, sliced in a bias
4 button	mushrooms, sliced
½ ea	onion, thinly sliced
¼ cup	soy sauce
¼ cup	sugar
¼ cup	water
2 tablespoons	sesame oil
2 teaspoons	pepper
1 tablespoon	sesame seeds
1~2 tablespoon	minced garlic
1 tablespoon	juice of ginger
½ ea	onion, ground in a food processor

Directions

1. Put the thinly sliced beef in a big bowl.
2. Combine all ingredients. Add the juice of ½ Asian pear to the beef. it will tenderize beef and give much more flavor to the dish. Or you can add ¼ kiwi.
3. Marinade beef and vegetable for at least 30 minutes. 1~2 hours is the best.
4. Grill the beef. Grill it on a table top, with a shallow pan. Grill with medium high heat.
5. Serve with rice.

2) Sam Gye Tang(Chicken soup with ginseng)

Ingredients(1 serving)

1 ea	small chicken
3~4 roots	ginseng
4~5 ea	chestnut
6~7 ea	jujube
⅓ cup	sweet rice, washed and drained
8 cloves	garlic, peeled
¼ inch piece	ginger, peeled
	salt and pepper, as needed

Directions

1. Clean the chicken inside and out thoroughly.
2. Trim any visible fat as much as possible.
3. Wash sweet rice, ginseng, chestnut and jujube.
4. Stuff inside the chicken with sweet rice, garlic, ginger and jujube.
5. In a pot, add chicken and ginseng.
6. Pour water to cover the chicken.
7. Bring to a boil and turn down to simmer.
8. Cook about 2 hours until the bones fall apart.
9. Skim out the fat on top occasionally.
10. Serve with salt and pepper.

3) Japchae(Sweet Potato Noodle)

Ingredients(4 servings)

8 oz	sweet potato noodle
½ bunch	spinach, rinsed and trimmed
2 cloves	garlic, minced

1½ tablespoons	sesame oil
¼ teaspoon	salt
1 tablespoon	vegetable oil
6 oz	beef, cut into 1/4 inch thick strips
¼ cup	soy sauce
¼ medium onion	sliced
3 ea	mushrooms, sliced
1 stalk	green onion, cut into 1 inch pieces
½ ea	carrot, cut into thin strips
¼ cup	sugar
	Toasted sesame for garnish

Directions

1. Cook the sweet potato noodle in a large pot of boiling water for 4 to 5 minutes. Immediately drain and rinse throughly under cold water. Be sure not to overcook the noodle. If you want, cut the noodle with scissors into 6 inch lengths for easier eating.
2. Blanch the spinach in boiling water. Rinse immediately under cold water, squeeze the water from the leaves, form into a ball and cut the ball in half.
3. Combine the spinach, half the garlic, sesame oil and salt in a bowl. Set aside to let the flavors soak in.
4. Heat the vegetable oil in a large skillet over medium-high heat.
5. Add the beef, the remaining garlic, 1 teaspoon of soy sauce, and sesame oil.
6. Stir-fry the onion, mushrooms, carrot, green onion and the beef respectively until cooked.
7. In a large bowl, thoroughly combine the noodles, beef, spinach, stir-fried vegetables, remaining ¼ cup soy sauce, 1 tablespoon of sesame oil, and sugar.
8. Serve warm, sprinkled with sesame seeds.

Practical Cooking English

조리실무영어

Chapter

08

제과·제빵 영어

1. 제빵·제과 기기 및 소도구
2. 제빵법
3. 제과·제빵 용어

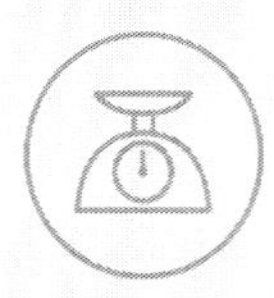

1 제빵 · 제과 기기 및 소도구

(1) 제빵 · 제과 기기

1) Oven

① Deck oven

3~5매입 3단으로 소규모 제과점이나 학교 실습용으로 많이 사용되고 있다. 반죽을 넣고 꺼내는 입구가 같아 넣고 꺼내기가 편하다.

② Rotary rack oven

랙의 선반에 팬을 끼워 넣은 채로 오븐에 넣어 굽는데 작동이 되면 랙이 자동으로 시계방향으로 회전하면서 굽기 때문에 열전달이 고르게 되고 동시에 많은 양을 구울 수 있다.

③ Tunnel oven

제품을 대량 생산할 수 있는 다용도, 대용량 오븐으로 전열 터널을 통과 이동하면서 구워지는 방식으로 속도제어장치가 있어 제품 생산 작업이 원활하고 일정 간격마다 투시창, 전구 설치로 내부제품 진행상태 확인이 가능하며 오븐 내 고른 열분포에 따른 제품색상 균일화를 할 수 있는 오븐이다.

2) Stand Mixer

일반적으로 수직형 믹서를 많이 사용하며 밀가루 반죽, 계란 거품, 재료 혼합 등 특성에 맞는 반죽이 가능하며 본체, 믹싱볼, 반죽날개(Hook, Beater, Wire whipper)로 구성되어 있다.

3) Fryer

자동온도조절기에 의해 튀김온도 자동조절 및 온도유지가 되며 기름받이 채반과 퇴유 밸브 장작으로 퇴유 및 청소가 용이하며 편리하다.

4) Pie roller

반죽을 얇게 밀어 고르게 펴는 기계로 속도 및 두께 조절이 가능하기 때문에 제품별로 선택사용이 가능하다. 케이크, 도넛, 파이나 페이스트리류의 작업을 균일하고 편리하게 해준다.

5) Sugar Decorationing Machine

약 80~90℃의 고온으로 설탕을 녹여 공예 작품을 만들 수 있는 기기로 정밀한 온도조절기기가 부착되어 있어 원하는 온도로 조절 가능한 스테인리스 작업판으로 위생적인 상태에서 작업 가능하다.

6) Chocolate Tempering Machine

적절한 온도에서 초콜릿을 녹여 30℃ 정도로 일정하게 온도를 유지시켜가며 최상의 광택 상태를 만들어 주기 때문에 초콜릿 제품을 만들거나 장식 등을 편리하게 이용할 수 있다.

7) Proofer

반죽을 발효시키는 발효기로 일정한 온도, 습도를 유지해야 한다.

8) Dough Divider

반죽을 분할하여 둥글게 해주는 기계로서 소프트롤, 하드롤 등의 롤 종류를 분할 및 둥글리기 할 때에 사용된다.

9) French Bread Moulder

일정한 양의 반죽을 분할해 기계에 넣고 조작하면 원하는 길이와 굵기로 말아 주는 기계로서 길이를 요하는 빵에 사용된다.

10) Rounder

분할된 반죽은 공 모양으로 둥글리기를 하여 반죽 표면에 글루텐 막을 다시 만들게 된다. 라운더는 일반적으로 분할기와 운반 벨트로 연결하여 자동으로 두 과정을 실행한다.

11) Toast Slicer

간격을 조절하는 장치들이 부착되어 있어 먼저 제품의 규격에 맞게 간격을 조절하여 톱날의 왕복운동에 의해 빵이 잘라지는 절단기이다.

(2) 제빵 · 제과 소도구

1) Bowl

반죽, 휘핑, 머랭을 만들거나 버터를 거품 낼 때 사용하는 가장 기본적인 도구로 사용목적에 따라 지름 크기를 선택한다.

2) Baking Sheet

각종 쿠키나 과자를 만들 때 사용되는 팬으로 용도에 맞게 사용한다.

3) Cake Pan

가장 일반적인 케이크를 만들 때 사용하며 케이크의 종류에 따라 원형, 사각틀, 하트 모양, 쉬폰 케이크 틀 등 다양하다. 그리고 밑이 뚫린 틀은 무스케이크나 찜케이크용으로 주로 사용된다.

4) Flour Sieve

밀가루나 가루제품의 덩어리가 없이 균일하게 하고 또한 공기를 넣기 위해 사용하는데 자루가 달린 제품이 편리하다.

5) Whisk

머랭이나 버터를 거품 낼 때 저어 거품을 생성시키는 도구로 거품을 낼 때는 철망의 수가 많고 큰 것을 사용하고 섞기만 할 때는 좀 작고 철망의 수가 적은 것이 좋다.

6) Blending Spoon

머랭이나 크림화된 반죽에 밀가루와 같은 가루제품을 섞을 때 필요하며 특성에 따라 나무주걱과 고무주걱이 있다.

7) Pangdri Brush

빵 위에 시럽이나 달걀물을 바를 때 사용한다.

8) Spatula

Palette knife를 총칭하는 것으로 케이크에 휘핑한 생크림, 버터크림 등을 바를 때나 반죽 표면을 고르게 펼 때 그리고 빵이나 케이크의 절단면에 각종 잼이나 토핑류를 바를 때 사용한다. 또한 케이크를 접시에 옮길 때에도 사용된다.

9) Turn Table

케이크 시트나 파이 등을 올려놓고 판을 돌려가면서 생크림이나 버터크림, 초콜릿을 코팅하거나 장식할 때 편리하게 사용할 수 있으며 360도로 돌아가기 때문에 작업을 편리하게 할 수 있다.

10) Pastry Wheel

파이칼이라고도 하며 파이 반죽을 자르기 위한 도구이며 크로와상을 만들 때처럼 얇게 밀어둔 반죽을 자를 때에도 사용한다.

11) Working Table

페이스트리 반죽이나 모양을 만들 때, 반죽 발효 등에 사용한다.

12) Pastry Bag

짤 주머니라고도 하며 쿠키나 케이크 반죽을 팬이나 틀에 짜거나 케이크를 데코레이션할 때 여러 가지 모양의 깍지와 함께 사용된다.

13) Set of Tubes

일명 모양깍지라고 하며 짤 주머니 끝에 끼워 사용되는 도구로 빵, 과자 반죽을 짤 주머니에 넣고 여러 가지 모양의 깍지를 끼워서 쿠키를 만들 때나 생크림, 버터크림을 넣어 케이크 데코레이션 등에 이용한다. 모양깍지의 모양에 따라 다양한 모양을 만들어 낼 수 있다.

14) Silicon Paper

일회용으로 사용하는 유산지를 대체해서 장기간 사용할 수 있는 장점이 있다.

15) Cake Divider

케이크를 균등하게 분할할 때 사용한다. 파이나 케이크를 올려놓고 받침의 골에 따라 자르면 고르게 잘린다.

16) Cookie Cutter

여러 가지 모양이 있어 여러 모양의 쿠키를 만들어낼 수 있는 도구이다. 반죽을 밀대로 고르게 밀어 여러 가지 모양의 틀로 찍어 낸다.

17) Perforated Baking Sheet

오븐에서 구워낸 케이크, 쿠키를 식힐 때 사용하는 망이다. 오븐에서 꺼낸 제품을 바닥에 그냥 두면 습기가 차서 눅눅해지므로 식힘 망에 올려서 식혀야 바삭한 맛의 감촉이 그대로 남는다.

18) Measuring Instruments

계량기구는 무게를 측정하는 것과 부피를 측정하는 것으로 나눌 수 있다. 무게는 주로 전자저울을 사용하는데 이것은 저울 위에 계량할 재료를 놓으면 바로 무게를 숫자로 표시해 준다. 부피를 측정하는 것으로는 메스실린더와 계량컵 등이 있으나 일반적으로 계량컵을 많이 사용한다.

19) Rolling Pin

둥근 막대 모양의 기구로서 반죽을 밀어 펴거나 가스빼기 등 성형하기 위해 사용된다.

20) Scraper

반죽 표면 고르기, 반죽 분할, 반죽 긁기, 철판의 이물질 제거 등에 사용한다.

21) Water Spray

반죽 표면에 물을 뿌려주기 위한 분사기구이다. 건조 발효시켰을 경우 스팀오븐이 아닌 경우 워터 스프레이를 사용한다.

22) Bread Knife

빵의 단면을 깨끗하게 잘라주는 톱니 모양의 칼로 불에 달구어 사용하면 더욱 잘 잘라진다.

23) Pan

빵 반죽을 담는 기구로서 여러 가지 종류의 제품을 만들기 위해 다양한 모양과 크기의 팬이 사용된다. 재질은 금속을 비롯하여 실리콘, 목재 등 여러 가지가 있으며 최근에는 많이 사용되는 테플론이나 실리콘으로 코팅된 금속 팬을 주로 사용한다.

Pan의 종류로는 cake pan, cake ring, tart pan, pie pan, loaf pan, tube pan, muffin pan 등이 있다.

24) Pastry Wheel

바퀴모양의 롤러형 커터로서 피자 자를 때 사용하는 도구이다.

25) Pie Weight

파이 눌림용 도구로서 파이반죽을 구울 때 부풀어 오르는 것을 방지하기 위해 무거운 것을 파이 위에 올려서 구울 때 사용되는 알갱이 모양의 세라믹 돌이다.

(1) 제빵법의 종류

1) Straight dough method

'스트레이트법'이라고도 하며 모든 재료를 한꺼번에 믹서에 넣고 한 번에 믹싱을 끝내는 제빵 방법이다. 제빵법 중에서 가장 기본이 되는 제빵법이며 소규모 제과점에서 주로 많이 사용하는 제법이다.

2) Sponge dough method

반죽을 두 번 행하는 방법으로 밀가루, 물, 이스트, 이스트 푸드를 섞어 2시간 이상 발효시킨 후 이것을 나머지 재료와 섞어 반죽한다. 처음 반죽은 스펀지라 하고 나중 반죽은 도우라고 부른다. 발효 공정상 다른 제법보다 실패율이 적어 일반 소규모 제과점보다는 대규모 제빵 공장에서 사용되는 제법이다.

3) Liquid ferment process

액종법이라고도 하며 스펀지 대신 액체발효종인 액종을 이용한 제빵법이다. 액종법에서는 이스트를 예비 발효시킨 후 반죽에 첨가하기 때문에 스펀지/도우법보다 제조시간을 단축시킬 수 있어 대량으로 생산하는 공장에 적합하며 공장설비가 적어도 되는 장점이 있다.

4) Continuous dough making method

이 방법은 각각의 공정이 자동화된 기계의 움직임에 따라 연속 진행된다. 연속식 제빵법은 액체발효법을 이용하여 연속적으로 제품을 생산한다.

5) No-time dough method

직접 반죽법을 따르면서 표준보다 긴 시간 고속으로 반죽하여 전체적인 공정시간을 줄이는 방법으로 반죽한 뒤에 잠깐 휴지시키는 일 이외에 환원제와 산화제를 사용하여 1차 발효를 생략하거나 단축하는 제빵법으로 보통 발효라 할 수 있는 공정을 거치지 않는다. 발효에 의한 글루텐의 숙성을 산화제를 대신 사용함으로써 발효시간을 단축시킨다.

6) Chorleywood dough method

1961년에 영국의 촐리우드 지방에 위치한 빵 공업연구협회에서 개발한 방법이다. 산화제를 사용하여 초고속 믹싱으로 반죽을 발전시켜 제품을 만드는 방법으로 발효를 하지 않기 때문에 제조시간을 단축시킬 수 있다. 초고속 기계로 5분 이내에 반죽을 완성하므로 공정시간이 줄어드는 장점이 있지만 제품의 맛과 향이 나쁘며 노화가 빠른 단점이 있다.

7) Remixed straight dough method

직접 반죽법의 변형으로 스펀지법의 장점을 받아들이면서 스펀지법보다 짧은 시간에 공정을 마칠 수 있는 방법이다. 공정시간 단축 등의 장점이 있어서 사용되고 있다.

8) Emergency straight dough method

직접 반죽법을 변형시킨 방법으로 기본적으로 표준 반죽법을 따르면서 표준보다 반죽시간을 늘리고 발효 속도를 촉진시켜 전체 공정시간을 줄임으로써 짧은 시간에 제품을 만들어 내는 제조법이다.

9) Retarded dough process

0℃ 전후 동결 직전의 온도에 발효시킨 반죽을 12시간 정도 냉장해 두었다가

필요할 때 꺼내 쓸 수 있는 방법으로 페이스트리 생지나 고율 배합 생지에 적합한 반죽법이다.

10) Frozen dough method

1차 발효를 끝낸 반죽을 -18~-25℃에 냉동 저장하여 필요할 때마다 꺼내어 쓸 수 있도록 반죽하는 방법이다. 냉동용 반죽에는 보통 반죽보다 이스트의 양을 2배가량 증가시킨다. 스트레이트법에 따라 1차 발효시킨 반죽을 분할 또는 정형하여 급속 냉동시킨다. 최근 프랜차이즈 업체에서 소비자에게 신선한 빵을 공급하기 위해 많이 사용하고 있다.

(2) 제빵 순서

1) Dough method decision

제빵법을 결정하는 기준은 제조량, 기계설비, 노동력, 판매 형태, 소비자의 기호 등이다. 일반 소규모 제과점에서는 직접법을 대량 생산 공장에서는 스펀지 도법을 주로 사용한다.

2) Recipe

배합표란 빵을 만드는 데 필요한 재료의 양을 숫자로 표시한 것이다.

3) Scaling

결정된 배합표에 따라 재료의 양을 정확히 계량하여 사용한다. 액체재료는 부피 특정기구를 이용하여 계량하고 가루나 덩어리 재료는 저울로 단다. 원하는 제품을 얻기 위해서는 신속하고 정확하게 재료를 계량하는 것이 중요하다.

4) Mixing

반죽은 밀가루, 이스트, 소금, 그밖의 재료에 물을 더하여 밀가루의 글루텐을 발전시키는 것을 말한다. 배합재료들을 균일하게 혼합하고 밀가루에 물을 충분히 흡수시켜 글루텐을 발전시킴으로써 반죽의 가소성, 탄력성, 점성을 최적 상태로 만든다.

5) Bulk fermentation

1차 발효라고 하는데 발효란 이스트가 빵 반죽 속의 당류를 분해하거나 산화, 환원시켜 알코올과 탄산가스를 만들고 반죽을 숙성시켜 특유의 향을 내게 되는 과정으로 발효를 잘 시킴으로써 부드럽고 부피도 개선되며 제품의 노화도 지연시킬 수 있다. 1차 발효실의 온도는 27℃, 습도 75~80%로 발효시간은 제조공정 및 이스트의 양, 반죽온도 등에 따라 달라진다.

6) Make up

1차 발효가 끝난 반죽을 일정한 중량으로 나누어 원하는 모양을 만드는 과정으로 수작업이나 기계로 한다. 성형 과정은 Dividing, Rounding, Intermediate proofing, moulding, Panning 순으로 이루어진다.

7) Final proofing

2차 발효라 하며 정형 공정을 거치면서 긴장된 반죽을 적당한 풍미와 부피를 가진 빵으로 굽기 위해 신장성을 다시 회복시키는 과정이다. 이스트의 이산화탄소 생산과 반죽의 이산화탄소 보유가 최적이 되도록 하여 반죽을 팽창시키고 글루텐을 숙성시킨다. 최적의 발효를 위해 온도, 습도, 시간 등을 알맞게 맞추어 준다.

8) Baking

반죽에 뜨거운 열을 주어 가볍고 소화하기 쉬우며 향이 있는 제품으로 바꾸는

일이다. 굽기 과정은 제빵 공정의 마지막 단계로 가장 중요한 과정이다. 이 과정에서 2차 발효까지 이어온 생물화학적 변화는 정지되고 미생물과 효소도 불활성된다.

9) Cooling

오븐에서 갓 구워낸 빵을 식혀 제품 온도를 상온으로 떨어뜨리는 과정이다. 갓 구워낸 빵은 껍질에 12%, 빵 속에 45%의 수분을 함유하고 있는데 이를 식히면 빵 속 수분이 바깥쪽으로 옮겨가 고른 수분 분포를 나타내게 된다. 냉각은 빵 속의 온도를 35~40℃, 수분 함량을 38%로 낮추는 것이다. 빵을 냉각하지 않고 포장하게 되면 응축수가 발생되어 곰팡이가 쉽게 생긴다.

10) Packing

유통과정에서 제품의 가치와 상태를 보호하기 위해 그에 알맞은 재료 용기에 담는 일을 말한다.

3 제과 · 제빵 용어

[A]

Absorb

수분이나 기타 재료가 흡수되어 일어나는 화학작용과 분자작용을 가리킨다.

All in Process

유화제를 사용하여 한번에 모든 재료를 혼합 반죽하는 것.

Antistaling Agent

노화를 막기 위한 것으로 주로 유화제를 사용한다.

[B]

Bag

소맥분, 설탕, 기타 가루를 담는 주머니

Bake off

제품을 오븐에 넣고 굽는 과정을 가리킨다.

Beat

반죽할 때 부드럽게 하기 위하여 공기를 주입시키는 과정

Blanch

견과류의 얇은 속껍질을 제거한다든지 과일을 뜨거운 물에 넣어 껍질을 제거하거나 표백하는 작업을 말한다.

Blazing

과자 위에 알코올을 부어 태워서 만드는 것을 말한다.

Black Jack

설탕을 캐러멜 상태로 만든 것.

Bonbon

bon은 아주 '맛있는'이라는 뜻으로 설탕을 이용하여 만든 소형 과자이다.

Brownie

영국의 전통적인 달콤한 빵이며 초콜릿과 브라운 슈가를 사용하여 만든다.

Bun

이스트나 베이킹파우더를 사용한 빵 또는 작은 케이크로 보통 중량은 50~230g 정도이다.

Bun Wash

Bun에 바르는 계란, 우유, 설탕 등을 배합한 광택 나는 용액을 말한다.

[C]

Cake Tins

여러 가지 크고 작은 케이크 틀을 말한다.

Canape

작은 빵 조각이나 토스트 혹은 크래커 위에 얹어서 만드는 에피타이저이다.

Candied

과일이나 과일 껍질을 설탕에 조린 것, 제과 재료로 사용한다.

Caramel

설탕을 155℃ 정도 끓인 것으로 보통 다갈색이다.

Caramelize

첨가물과 색소로 요리에 사용할 목적으로 굵은 설탕을 황갈색으로 녹이는 것이다.

Center Piece

축하용 케이크를 만드는 작업에서 가운데 부분의 장식을 가리키는 말

Coat

과자를 초콜릿, 폰당, 아이싱으로 씌우는 것.

Condensed Milk

우유를 용적이 1/3이 될 때까시 농축시킨 후 설탕 또는 포도당을 44%를 첨가하여 세균의 번식을 억제한 우유가공품이다. 후식류를 만드는데 많이 사용하며 설탕 함량이 높은 농축우유이므로 유아용으로 사용하지 않는다.

Cooling

제빵 공정 중 오븐에서 제품이 구워져 나온 뒤 실내에서 식히는 과정을 말하며 대량생산업체에서는 냉각 켄베이어를 이용하기도 한다.

Cooling Loss

빵을 구워내어 식히는 과정에서 냉각, 건조되면서 중량이 감소되는 것이다.

Crepe

얇은 팬 케이크로 주로 계란을 재료로 하며 디저트 요리용으로 사용된다.

Croquettes

닭, 생선, 새우 같은 것을 주재료로 하여 다진 고기에 빵가루를 입혀서 기름에 튀긴 것을 말한다.

Cube Sugar

정육면체의 각설탕이다.

Cut out

칼이나 틀로 찍어 내고 난 나머지

[D]

Deep Freeze

급속냉동

Deposit

반죽을 케이크 틀에 넣는 것.

Doyley Paper

케이크, 빵 등을 찔 때 밑에 까는 종이

Draw

빵이나 케이크를 오븐에서 꺼내는 것.

Dough

밀가루에 물과 부재료를 섞은 혼합물의 반죽을 말하며 보통 빵 반죽은 도우, 과자 반죽은 Batter라고 한다.

Dough Conditioners

빵의 품질을 개선하기 위해 반죽에 추가하는 모든 재료를 말한다. 발효촉진제, 산화제, 환원제, 효소제, 유화제 등이 있다. 반죽개량제의 효과는 제빵의 부피 증대, 믹싱 발효기간의 단축, 제품의 수명연장, 맛의 개선 등이다.

Dry Proof

습도 70%, 온도 23~32℃로 발효시키는 방법으로, 프랑스 빵, 크로아상, 브리오슈 등의 빵을 2차 발효시킬 때 사용하는 방법이다.

Drying Room

온도와 습도를 조절하여 제품을 건조시킬 수 있도록 만든 방이다. 비스킷, 쿠키,

크래커 등의 과자는 구워낸 후 바로 실온에서 식히지 않고 습도가 낮은 4℃ 이상의 건조실에서 건조시키면 보관하기 좋고 바삭한 맛을 지닐 수 있다.

Double Cream

수분이 적고 유지방이 30% 이상이며 농도가 짙은 생크림으로 젖산균을 많이 함유하고 있다.

Dust

케이크, 쿠키 등에 슈거 파우더나 다른 가루를 체로 치는 것.

[E]

Egg Wash

반죽, 빵 등에 광택을 내기 위해 바르는 계란

Essence

제과 · 제빵용 향료

[F]

Ferment

물, 이스트, 적은 양의 설탕, 소맥분 등을 액체 상태로 섞어 일정 온도를 유지하면서 발효시키는 것.

Fermentation Loss

반죽 속의 당분이 알코올과 탄산가스로 분해, 휘발되어 발생되는 손실로 보통 1~2%의 발효 손실이 생긴다.

Floor Time

1차 발효가 끝난 후 수분이 증발하지 않도록 반죽을 작업대 위에 올려놓고 휴지를 주는 공정이다. 플로어 타임은 반죽이나 제품의 특징에 따라 다르나 보통 30분 이하로 하며 오버믹싱한 반죽은 플로어 타임을 길게 주고 언더믹싱한 반죽은 짧게 준다.

Frosting

케이크를 멋있게 장식할 목적으로 케이크의 외부에 바르는 장식을 말한다.

Frozen Dough

발효를 억제시켜 필요 시 반죽을 사용하기 위해 반죽을 냉각점 이하로 동결시켜 보관하는 반죽을 말한다. 체인 제과점에서 제과, 제빵의 모든 반죽에 주로 사용하고 있다.

Frozen Dessert

냉동시켜 만든 디저트로 아이스크림과 샤벳으로 구분한다. 아이스크림은 우유를 냉동시켜 만들며 샤벳을 과즙과 리큐어로 만든 빙과를 말한다.

Full Proof

이스트 반죽이 최대로 발효되었을 때를 뜻하는 말

[G]

Gluten

밀 단백질 중 글루테닌과 글리아딘이 물과 결합하여 생성하는 단백질이다.

Golden Wedding Cake

금혼식용 케이크를 말하며 장식은 금박을 많이 사용한다.

Gratin

가열에 의하여 요리의 표면에 얇은 막이 생기는 것이다. 소스, 파이반죽을 표면에 피막이 생길 때까지 구워먹는 핫 디저트이다.

Graham Flour

정제하지 않고 통째로 제분한 검은 밀가루를 말한다.

Grease

케이크팬이나 빵팬에 기름 바르기

[H]

Handing up

빵 반죽을 여러 형태로 만들거나 저울에 달아 분할하는 것을 말한다.

Hardened Oil

액상 기름에 수소를 첨가하여 굳힌 기름으로 수소 첨가유라고도 하는 인조기름이다. 불포화유인 원료유에 수소를 첨가하여 포화지방으로 만들어 고체화시킨 것이다.

[I]

Icing Sugar

입자가 가장 고운 슈가 파우더이다.

[J]

Jellying Agent

한천, 젤라틴, 고무, 펙틴 등 동물성이나 식물성의 응고제, 액체를 고형화시킨다.

[K]

Knock Back

손이나 기계를 사용한 발효 중의 가스빼기 작업

[L]

Layer Cake

여러 스펀지를 포개어 만드는 케이크이다.

Liqueur

과일, 과즙, 향료 등을 넣어 만든 증류주로 제과 제조와 칵테일 제조 때 주로 사용된다.

Loss

빵이 제조되는 동안의 중량의 손실을 말하며 반죽 손실, 발효 손실, 굽기 손실 등이 있다.

Loaf Bread

한 덩어리로 만들어진 빵

[M]

Maple Syrup

사탕 단풍나무의 수액을 농축시킨 당액으로 핫케이크, 쿠키, 아이스크림 등에 첨가한다.

Margarine

동, 식물성 기름에 경화유를 배합하고 영기에 유화제, 향료, 색소, 소금물, 발효유 등을 더해 만든 버터의 대용품으로 수분이 15% 정도 함유되어 있다.

Marinade

재빨리 삶거나 담가 부드럽게 만든다는 의미로 과일이나 케이크에 시럽을 적시는 것을 말한다.

Musty

적절하지 못한 저장 조건으로 인해 밀가루나 계란 등이 부패되는 것을 말한다.

[O]

Oxidizing Agent

산화를 일으키는 물질이며 밀가루의 경우 환원성의 물질을 산화시켜 반죽의 신장 저항을 증대시킨다. 산화제에는 브롬산칼륨, 아스코르브산 등이 있다.

[P]

Panning

반죽을 밀고 말아서 성형한 후 팬에 올려놓는 과정으로 팬의 온도가 32℃가 가장 이상적이다. 팬에는 샐러드 오일, 쇼트닝, 팬 오일 등을 알맞게 발라야 한다.

Parfait

디저트로 시럽, 과일, 아이스크림 등을 섞어서 만든다.

Pastry Bag

케이크나 디저트를 장식할 때 사용하는 짤주머니로서 끝에 금속조각이 부착된 원추형의 천으로 만든 주머니이다.

Piping

종이나 천으로 만든 짤주머니 끝에 금속제의 튜브를 끼우고 내용물을 담아 짜내는 것.

Pipping jelly

색과 향, 감미의 젤리로서 케이크에 사용함.

Punch

1차 발효가 끝난 빵 반죽을 외부의 힘을 가해 속에 들어 있는 탄산가스를 빼주는 것을 말한다. 가스 빼는 반죽 속의 기공을 고르게 하고 반죽의 온도를 균일하게 해주며 반죽 속의 탄산가스를 빼고 산소를 공급하여 이스트를 활성화시켜 글루텐의 신축성을 높여준다.

Pinning

반죽을 방망이로 얇게 미는 작업을 말한다.

[Q]

Quenching

빵틀이나 철판을 오븐 속에 넣고 가열하여 표면에 얇은 산화막이 생기게 하는 것을 말한다. 담금질이라고 하는 이 방법은 틀의 표면을 물로 닦지 않고 마른 수건으로 깨끗이 닦아주며 담금질이 끝날 때까지 틀에 기름칠을 하지 않는다. 담금질이 끝나면 약 90분 정도 식힌 후 녹인 라드를 발라준 다음 뒤집어서 말린다.

[R]

Rice Flour

곱게 빻은 쌀가루로서 라이스 케이크, 마카롱, 버터 케이크 등에 사용된다.

Rich Bread

빵의 기본재료인 밀가루, 물, 소금 이외에 재료, 즉 설탕, 유지, 계란 등이 많이 들어간 빵이다.

Recovery Time

반죽의 강약 등을 다시 점검하는 것을 말한다.

Roll

식사용 빵으로 1개의 무게는 30~50g이 적당하다.

Rolling Machine

반죽을 밀 때 쓰는 기계로, 파이 등의 제조에 사용된다.

[S]

Saffron

지중해연안에 자생하는 구근식물의 꽃 암술을 채취하여 건조시킨 향신료로 한 송이의 꽃에 3개밖에 없어서 귀하며 비싸다. 풍미를 내거나 노란착색제로 많이 쓰인다.

Setting

케이크, 빵을 오븐에 넣는다는 뜻으로 쓰인다.

Skinning

반죽 표면이 건조된 것이나 제품의 표면이 건조되어 불량하다는 뜻으로 쓰인다.

Sour Cream

생크림에 젖산균을 첨가하여 젖산 발효시킨 것으로 새콤달콤한 맛이 있으며 무스,

아메리칸 치즈케이크의 토핑용으로 많이 사용된다.

Scraper

반죽을 분할하고 한데 모으며 작업대에서 눌러 붙은 것을 떼어내는데 쓰는 도구의 총칭으로 금속제와 플라스틱제가 있다.

Soft Flour

중력분, 글루텐의 질이 약한 소맥분을 말한다.

Splash

반죽할 때 붓으로 물을 바르거나 케이크를 만들 때 시럽을 바르는 것을 말한다.

Stir

휘저어서 한데 섞는 것을 말한다. 제과에서의 교반은 계란과 설탕 등을 휘저어 올리는 상태를 말한다.

Sugar Bloom

초콜릿 표면에 작은 회색빛 반점이 생기는 현상을 말하며 초콜릿 속의 설탕이 습기를 머금고 결정화한 것이다.

[W]

Wash

제품을 굽기 전에 계란, 우유, 물을 바르거나 구운 후 글레이즈하는 것을 말한다.

[Y]

Yeast

이 물질은 반죽을 부풀리는데 사용된다. 맥주, 포도주, 브랜디 제조에도 사용되는

데 설탕을 알코올로 변화시키고 탄산가스를 만든다.

Yield

제품을 전부 합쳐 구운 전량의 개수를 말한다.

[Z]

Zest

오렌지나 레몬의 겉껍질. 과실의 향과 기름이 함유되어 있으며 착색제로 많이 쓰인다.

Practical Cooking English

조리실무영어

Chapter 09

레스토랑 서비스 영어

1. 기본 회화
2. 레스토랑 서비스 영어회화
3. 레스토랑 서비스를 위한 유용한 표현

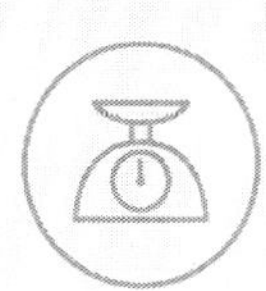

1 기본 회화

(1) 일상 인사

- Good morning / afternoon / evening
- How may I help you?
- Have a nice day!
- Enjoy your meal!
- Take your time.
- Take care.
- I hope you visit us again.

(2) 사과

- Excuse me, I'll be back soon.
- I'm sorry to have kept you waiting.
- I'm sorry to interrupt you.
- I'm sorry, but smoking is not allowed here.
- I'm sorry for the delay.
- I'm sorry for the inconvenience.
- I'm sorry afraid it is not for sale.

(3) 감사

- Thank you for waiting.
- Thank you for visiting us.

(4) 안내

- This way, please.
- I'll escort you. Please follow me.
- Would you please follow me?

(5) 되물음

- I beg your pardon?
- Could you speak more slowly, please?
- Could you speak a little louder, please?
- I'm sorry, but I do not understand English well.
- Please wait a moment, I'll get someone who speaks better English.

(6) 질문 및 제안

1) May I~ (~해도 되겠습니까?)

- May I suggest a drink before your meal?
- May I suggest a bottle of wine to go with the steak?
- May I have your room number, please?

2) Would you~ (~해 주시겠습니까?)

- Would you do me a favor?
- Would you sign here, please?
- Would you mind closing the door?
- Would you mind smoking outside?

- Would you mind carrying my luggage?

3) Would you like to~ (~하시길 원하십니까?)

- Would you like to sit by the window?
- Would you like something to drink?
- Would you like salad with it?
- Would you like anything else?

4) I'll~ (~해 드리겠습니다.)

- I'll bring you the menu.
- I'll return in a few minutes to take your order.
- I'll need your signature and room number, please.

(7) Receiving the Guest(손님 받기)

1) 테이블 서비스

- Do you have a reservation?
- Would you like to come with me, please?
- Will this table be all right?
- Where would you like to sit?
- Would you like to sit near the window?
- Would you like to sit in the corner?
- You may sit where you like.
- I'm sorry, but this table is already reserved.
- Your table is ready now.

2) 테이블이 없을 때

- I'm sorry, the restaurant is full now.
- We may be able to seat you in about half an hour.
- You may wait in the bar if you like and we'll call you when we have a table.
- Would you like to have a drink in the lounge while you're waiting?
- I'm very sorry, but the restaurant's fully booked tonight.

(8) Taking an Order(주문 받기)

1) 주문받기

- Are you ready to order?
- May I take your order now?
- Have you decided what you'd like?
- Would you care for a drink?

2) 추천하기

- I would recommend some lobsters.
- Our pasta is very good.
- Today's special is Beijing Duck.
- We have a set menu.

3) 고객의 기호 파악하기

- How would you like it prepared?
- Would you like a salad with your steak?

- Would you like it well done?
- What kind of salad dressing would you like?

4) 주문한 것이 없을 때

- I'm sorry, but we don't have any left.
- I'm sorry, but strawberries are already out of season.

2 레스토랑 서비스 영어회화

(1) Reservation

1) Telephone Reservation(R : Receptionist, G : Guest)

Dialogue · 1 조/리/실/무/영/어

R : Good morning! This is Seasons Restaurant. How may I help you?

G : Good morning! I'd like to make a reservation.

R : When do we expect you?

G : At seven thirty this evening.

R : How many are there in your party?

G : Three.

R : May I have your name, Sir?

G : My name is Bob Wales.

R : I will arrange for a table for three at 7:30 this evening for you.
We'll look forward to seeing you. Thank you for calling.

G : Thank you. Good-bye!

Dialogue · 2

조 / 리 / 실 / 무 / 영 / 어

R : This is Green Restaurant. May I help you?

G : Yes, What time are you open for lunch?

R : From 12 to 4, sir.

G : I'd like to make a reservation for two at 1 o'clock

R : Hold on, please. Let me see. Is it for today?

G : Yes, it is.

R : There is one table left by the window.
Would you like it?

G : Yes, I would.

Pattern Practice

* I'd like to make a reservation for dinner.
  for tomorrow evening.
  for my birthday party.
  on Monday next week.
  at 7 tonight.

* What time are you open for dinner?
  When are open
  How long is the restaurant

2) Changing the reservation

Dialogue · 1

조 / 리 / 실 / 무 / 영 / 어

R : Good afternoon! Riverside Restaurant. May I help you?

G : Yes, I have a reservation for dinner at 6 this evening.
Could you put that forward to seven?

R : I'm sorry but we're fully booked at that time.

G : Then, what time do you have any tables available this evening?

R : We'll have a table at eight.

G : Okay, that'll be fine.

R : Under what name did you make a reservation?

G : Mr. Cooper.

R : We'll book a table at eight this evening.
We'll be expecting you. Good-bye!

Dialogue · 2

R : Good afternoon. May I help you?

G : Yes, I've got a booking for dinner this evening.
It's at nine, but do you think we could bring it forward to eight?

R : I'm sorry, sir. We're fully booked at eight.
But you could have a table at half past seven.

G : OK. Thanks.

Pattern Practice

I'm sorry, we're booked out.
full.
fully booked.

3) Confirming the reservation

Dialogue · 1 조/리/실/무/영/어

R : Good morning! Dream palace. May I help you?

G : Yes, I made a reservation on the 16th, a table for three.
And I'd like to confirm it.

R : Under what name did you make a reservation?

G : It's Smith.

R : Yes, Mr. Smith. Your reservation is on the list.

G : Thanks.

R : You're welcome. We'll be expecting you.

4) Cancelling the reservation

Dialogue · 1 조/리/실/무/영/어

R : Good morning! This is Green Field. May I help you?

G : Yes, I'm sorry but I must cancel my reservation.

R : Who made the reservation?

G : I made it under Mr. Brown.

R : Thank you for letting us know. I hope we may serve you next time.

G : I hope so, too.

Dialogue · 2 조/리/실/무/영/어

R : Good morning, this is Havana. May I help you?

G : Yes. this is Miss Park. I reserved a table for two at 6:30 tonight.
But I'm afraid I must cancel the table for tonight and put it off till to-morrow at the same time.

R : All right, Miss park.
You'll have a table for two at 6:30 tomorrow.

G : I'm sorry for the change. Thank you.

R : Not at all, Miss. Thank you. Good-bye!

(2) Greetings & Seating the Guest

Dialogue · 1 (W : Waiter G : Guest) 조/리/실/무/영/어

W : Welcome to our restaurant.
Did you make a reservation?

G : Yes, I did.

W : May I have your name, sir?

G : Mr. Park.

W : Right this way, Please. Here is your table and menu.

G : Thank you.

W : I'll be back in a few minutes to take your order.

Dialogue · 2 조/리/실/무/영/어

W : What can I do for you, sir?

G : I'd like a table for six.

W : May I have your name, sir?

G : Jonathan.

W : All right. It will be about a ten minute wait.
Why don't you have a seat over there?
I'll call you when your table is ready.

Dialogue · 3 (R : Receptionist G : Guest) 조/리/실/무/영/어

R : How many are in your party?

G : Two.

R : There is no table left for two at this moment.
Could you wait a moment?

G : Yes. How long is the wait?

R : About 30 minutes. There will be a couple of free tables soon.
I'll call you as soon as we are ready.

Dialogue · 4 (W : waiter G : guest) 조/리/실/무/영/어

W : Good afternoon, sir!

G : Hello! Do you have a table for two?

W : Do you have a reservation, sir?

G : No, we've just arrived in town.

W : I'm sorry, the restaurant's full now, but we can seat you in about half an hour. You may sit in the lounge if you like and we'll call you when we have a table.

G : Okay.

W : May I have your name, please?

G : Johnson.

W : Thank you, Mr. Johnson.
Your table is ready now, sir. Could you come with me, please?
Will this table be all right?

G : No, it's too close to the doorway.
What about that one?

W : I'm sorry, that table is already reserved.
Would you like to sit over there in the corner?

G : All right.

W : I'll bring you the menu.

(3) Ordering Breakfast, Lunch & Dinner

1) Breakfast

Dialogue · 1 (W : waiter G : guest) 조/리/실/무/영/어

W : Good morning, sir! What would you like for breakfast?

G : Two eggs and ham.

W : How would you like your eggs?

G : Sunny-side up, please.

W : How about coffee?

G : No, thanks.

Tip

계란 요리법

1. Fried egg
   - sunny-side up : 한 면만 반숙 프라이한 달걀
   - over-easy : 양면을 반숙 프라이한 달걀
   - over-hard : 양면을 완숙한 달걀
2. Boiled egg : 삶은 달걀
3. Poached egg : 깨어 삶은 달걀, 수란
4. Scrambled egg : 버터를 넣고 휘저어 풀어 볶은 달걀
5. Omelet : 계란말이

Dialogue · 2

조 / 리 / 실 / 무 / 영 / 어

W : Good morning. May I take your order?

G : Yes. please. I'd like a Continental breakfast.

W : Yes, sir. You have a choice of orange, tomato, or grapefruit juice.

G : Orange juice, please.

W : Coffee or tea?

G : Coffee with cream, please.

Tip

- Continental breakfast : 주스 및 커피와 버터나 잼을 바른 롤빵 등으로 구성된 간단한 유럽식 아침식사
- American breakfast : 시리얼 햄이나 베이컨이 있는 달걀요리, 주스, 빵, 커피 등을 먹는 미국식 아침식사

Dialogue · 3

조 / 리 / 실 / 무 / 영 / 어

W : Good morning, sir! How are you this morning?

G : Fine, thank you.

W : Would you like to order now?

G : Not yet. Please give me a few more minutes.

W : Please take your time…….

G : Waitress, I'd like to order a full breakfast.

W : Certainly……. what kind of juice would you like, sir?

G : Orange.

W : Would you like bacon, sausage or ham?

G : Ham, please.

W : And how would you like your eggs, sir?

G : Two fried eggs, sunny side up.
And could I have croissants with my breakfast?

W : Of course, sir.

G : I'd like to have my coffee now.

W : I'll bring your coffee right away. Thank you.

2) Lunch

Dialogue · 1 (W : waiter G : guest) 조/리/실/무/영/어

W : Are you ready to order your lunch?

G : Yes. A hamburger, please.

W : What would you like to drink?

G : Do you have a diet coke?

W : No, we don't. We have a diet 7-up, though.

G : Then, a large diet 7-up with lots of ice.

W : I'll be right back with it.

Dialogue · 2 조/리/실/무/영/어

W : Would you care for a cocktail before your lunch?

G : Yes, I'd like an Old Fashioned, please.

W : Are you ready to order now, sir?

G : Sirloin steak with rice.

W : How would you like your steak?

G : Medium.

3) Dinner

Dialogue · 1 (W : waiter G : guest) 조/리/실/무/영/어

W : (After menu serve) Please take your time.

W : May I take your order now?

G : What would you like to recommend?

W : For an appetizer, we are serving smoked salmon and shrimp cocktail with grapefruit.

G : I'd like to have smoked salmon.

W : What kind of soup would you like? I'd recommend consomme.

G : I'll take that.

W : What kind of salad would you like?

G : I want a mixed salad.

W : What kind of dressing would you like on your salad?

G : I'd like French dressing.

W : What would you like for your main dish?

G : Sirloin steak, please.

W : How would you like it?

G : A medium well-done, please.

W : May I suggest a bottle of house red wine to go with your steak?

G : OK.

W : Smoked salmon, a medium well-done sirloin steak, consomme, a mixed salad with french dressing, a bottle of house red wine. Is there anything else?

G : No, That's all. Thanks.

W : Thank you, sir. It'll be just a moment, please.

Tip

- appetizer : 식욕을 촉진시키는 전채요리. 생굴, 캐비아, 훈제연어, 새우칵테일 등을 이용하며 주로 찬요리이다.
- smoked salmon : 훈제연어
- shrimp cocktail : 새우칵테일

Dialogue · 2

W : Good evening. Are you ready to order?

G : Yes, I am, thank you. I'll have the barbecued chicken.
I'd like it well-done, please.

W : What kind of salad would you like with that?
We have tossed salad and Caesar Salad.

G : I'll have the tossed salad, please.

W : What kind of salad dressing would you like?

G : What kinds do you have?

W : We have Thousand island, French dressing and Italian dressing.

G : I'd like an Italian dressing.
What is today's soup?

W : We have French onion soup.

G : I'd like French onion soup, please.

W : Okay, so that's barbecued chicken, tossed salad with Italian dressing and French onion soup.

G : Right. Thank you.

Tip

- tossed salad : 드레싱을 뿌려서 버무린 샐러드

• Caesar Salad : 양상추, 크루통(굽거나 튀긴 빵조각), 치즈 조각에 올리브오일, 레몬주스, 달걀 등으로 만든 혼합물을 끼얹은 샐러드
• thousand island dressing : 드레싱에 넣은 자잘한 부재료인 피클, 샐러리, 삶은 계란 등이 마치 1000개의 섬과 같이 보인다고 해서 사우전드 아일랜드 드레싱이라고 한다.
• Italian Dressing : 적포도주 식초, 올리브유, 로즈마리, 바실, 타임, 마늘, 생강, 파슬리 등으로 만든 드레싱
• French dressing : 식용유, 식초, 겨자, 설탕, 소금, 후추로 만든 상큼하고 깔끔한 드레싱

Dialogue · 3 조/리/실/무/영/어

W : Here is the menu, sir.
Today's potage is cream of corn.
G : What's your specialty?
W : Today, we have fresh cod and salmon.
For red meats, we recommend T-bone steak.
But French escargots are very popular.
G : Then I will have escargots, turtle soup, T-bone steak and green salad.
W : Escargots, turtle soup, T-bone steak, and green salad, sir.
How do you like your steak?
G : Medium rare, please.
W : Medium rare, sir. Thank you.
We have a choice of French, Thousand Island, Italian and Blue cheese dressing. Which one do you prefer?
G : Thousand Island, please.
W : Yes, sir. Please call us if you need a help.
We will serve the food right away.

Tip

- potage : 진한 수프
- consomme : 맑은 수프
- cod : 대구
- T-bone steak : T 모양의 뼈가 있는 비프 스테이크
- escargots : 식용달팽이
- Chateaubriand : 안심(tenderloin) 중 최상의 스테이크 부위

Dialogue · 4

W : Would you like to order, sir?

G : Yes, I'll have a filet-mignon and French fries, please.

W : How would you like the steak?

G : Medium.

W : Would you like a salad?

G : Yes, please.

W : What kind of vegetable would you like?
You have a choice of fresh asparagus, green beans, spinach and grilled tomatoes.

G : I'll have some asparagus with melted butter.

W : May I suggest a bottle of red wine to go with the steak?

G : Yes, please.

Tip

- filet-mignon : 소의 두터운 허리 고기
- spinach : 시금치
- go with : 어울리다

Dialogue · 5

조 / 리 / 실 / 무 / 영 / 어

W : Three orders of sirloin steak?

How do you want your steak?

G : Let's see.

Two well-done, and one medium-rare, please.

W : Okay. Do you want a soup or salad with that?

G : What's your today's soup?

W : It's cream of mushroom.

It's really good.

G : I'll have that.

It looks like all of us will have the soup.

W : And would you like something to drink?

G : Yes. We'll have a bottle of table wine.

Tip

- sirloin steak : 소 허리 윗부분 스테이크, 등심스테이크
- mushroom : 버섯
- rare : 스테이크를 살짝 겉만 익힘
- medium : 스테이크를 중간 정도 익힘
- well-done : 스테이크를 속까지 완전히 익힘

Dialogue · 6

조 / 리 / 실 / 무 / 영 / 어

W : May I take your order sir and ma'am?

G : Well, I'll have a filet-mignon medium rare and Chateaubriand with red cabbage for my wife.

W : You'll have a choice of soup or salad.
Which would you prefer?

G : What kind of soup do you have?

W : Cream soup and vegetable beef, sir.

G : Vegetable beef sounds good.

W : Mashed or baked potatoes?

G : Baked potatoes with sour cream.

W : Would you have green beans, peas or carrots?

G : Green beans for me and carrots for my wife.
But no butter on green beans, please.

W : Something to drink?

G : A glass of beer and perhaps coffee later with dessert.

W : Thank you, sir. I'll be back in 15 minutes with your order.

Tip

- Mashed potato : 삶아 으깬 감자
- Chateaubriand : 400~500g의 필레(늑골과 허리뼈 사이의 최고급 살코기) 고기로 만든 두꺼운 비프스테이크. 보통 소스와 감자튀김이 곁들여진다.
- filet-mignon : 둥글고 두껍게 자른 필레 쇠고기

(4) Ordering Beverage & Dessert

Dialogue · 1

조 / 리 / 실 / 무 / 영 / 어

W : Can I get you anything else?

G : No, thanks. It was delicious.
But I've already eaten too much.

W : Can I offer you another cup of coffee?

G : Yes, please. I'd love some.

Tip

물질명사의 수량 표시 방법

- a cup of coffee
- a bottle of wine
- a slice of cheese
- a glass of milk
- a bowl of soup
- a piece of bread

Dialogue · 2

조/리/실/무/영/어

W : Would you care for some coffee?

G1 : Do you have any decaffeinated coffee?

W : Yes, we do. Postum and Sanka.

G1 : Sanka for me. And with sugar only, please.

W : And you, sir?

G2 : White coffee, please.

W : Would you like your coffee with your dinner or later?

G1 : I'd like my coffee with the meal.

G2 : Me too.

Tip

- Sanka : 최고급 블루마운틴 블렌드로 향과 맛이 집에서 간편히 마실 수 있는 일회용 드립커피의 수준을 넘어선 것으로 평가되고 있다.
- decaffeinated coffee : 카페인이 제거된 커피

Dialogue · 3

W : Are you done with your dinner?

G : Yes, I am.

W : Good. I'll just take the plates away, then.

G : Thank you.

W : Would you care for some dessert?

G : Yes, I would. What do you have?

W : We have some fresh blackberry pie today.
We also have ice cream and chocolate cheesecake.

G : The blackberry pie sounds good. I'd like a slice of that, please.

Tip

- be done with : 마치다
- take away : 치우다, 가져가다

Dialogue · 4

조 / 리 / 실 / 무 / 영 / 어

W : Something to drink?

G : May I have a glass of white wine?

W : Certainly. And what would you like for dessert?

G : Do you have ice cream?

W : Yes, we have Banana, Chocolate and Vanilla.

G : Vanilla for me

Tip

• white wine : 백포도주 – 포도껍질을 제거한 후에 발효시켜 만든 포도주를 백포도주라 하고 포도 껍질을 제거하지 않고 통째로 발효시켜 만든 것을 적포도주라 한다. 이 외에도 포도주는 sweet, dry, still, sparkling 등으로 분류하기도 한다.

(5) During the Meal

Dialogue · 1

G : Excuse me!

W : Yes, sir?

G : All these rolls are white.
Do you have any brown ones instead?

W : No, I'm sorry, sir. We don't.

G : Oh, well, never mind.
And we'd like some mint jelly to go with our lamb.

W : I'm very sorry, sir. We don't have that.
Perhaps you'd like some parsley butter instead?

G : OK. That'll be fine.

Tip

• lamb : 양고기

• never mind : 괜찮습니다. 신경 쓰지 마세요.

Dialogue · 2

W : Did you enjoy the dinner?

G1 : Oh, yes, thank you. I've finished.

G2 : It was delicious.

W : Thank you, sir. I'm glad you enjoyed it.
Would you like some dessert or cheese?

G1 : Yes, I think I'll have a fruit salad.

G2 : I'll have cheese and crackers.

W : (Later) Would you like some coffee?

G1 : Yes, two black coffees, please.

W : Would you like some liqueur?

G1 : Yes, we'll have a Cointreau.

Tip

- two coffees : coffee, tea, beer 등은 물질명사로서 '셀 수 없는 명사'이기 때문에 복수형을 만들 수 없고 단위 명사를 써서 "two cups of coffee" 등으로 복수 표현을 한다. 그러나 음료수를 주문하는 표현에서는 '셀 수 있는 명사'로 쓸 수 있다.
- liqueur : 주류(Spirit)에 향, 색, 감미를 첨가한 술이다.
  프랑스는 알코올 15% 이상, 당분 20% 이상, 향신료가 첨가된 술을 Liqueur라고 한다.
  미국에서는 Spirit에 당분 2.5% 이상을 함유하며, 천연향(과실, 약초, 즙 등)을 첨가한 술을 Liqueur라고 하며 화려한 색채와 더불어 특이한 향을 지닌 이 술을 일명 '액체의 보석'이라고 일컬어지고 있다.
- Cointreau : 오렌지 맛이 나는 무색의 달짝지근한 리큐르

Dialogue · 3 조/리/실/무/영/어

W : Thank you for waiting, sir.
Your steak, salad and beer.
Please enjoy your lunch.

W : (Later) Excuse me, may I take your plate, sir?

G : Sure, go ahead.

W : May I show you the dessert menu?

G : Yes, please.

W : Here you are, sir.

G : Let's see.
I'll have some ice cream, please.

W : Which flavor would you prefer, melon or vanilla?

G : I'll take the melon, please.

W : Certainly, sir. Just a moment, please.
(Later) Your ice cream and coffee, sir.
Will that be all?

G : Yes.

W : Thank you, sir.

(6) Bar Service

Dialogue · 1 (B-Bartender, G-Guest) 조/리/실/무/영/어

B : May I take your order?

G1 : Martini, please.

B : Which do you prefer on the rocks or straight?

G1 : On the rocks, please.

B : Would you like it dry?

G1 : Yes, I like mine dry.

B : (To another guest) What would you like to have, sir?

G2 : I'll have a Scotch.

B : Do you have a special preference, sir?

G2 : Yeah. Johnnie Walker.
Make it Highball, please.

B : Thank you, sir.

Tip

- Martini : 칵테일의 일종으로 베르무트(Vermouth)와 진(Gin)을 휘젓기 기법으로 만든 혼합주
- on the rocks : 술에 얼음을 넣음
- straight : 술에 얼음을 넣지 않고 원액 그대로 서빙
- Scotch : 영국의 스코틀랜드 지방에서 생산되는 스카치위스키
- Highball : 위스키나 진과 같은 독주에 소다 혹은 진저에일을 섞고 얼음을 넣어 서빙하는 8온스 정도의 롱드링크

Dialogue · 2

조/리/실/무/영/어

B : Good evening, sir! Welcome to our 'Happy Hours.'

G : Happy Hours? What are they?

B : Our drinks are at half price from 5 pm to 8 pm.

G : Great. Give me whisky and soda.

B : Straight?

G : What's that?

B : Without ice, sir.

G : Certainly, without ice.

B : Would you like to say "when", please, sir?

G : “When”! Thanks.

Tip

- Happy Hours : 판매촉진을 위해 음료 값을 할인해 주는 시간
- say “when” : 웨이터가 술을 따를 때 자기가 원하는 양이 되었을 때 그만 따르라고 말하기

Dialogue · 3

조 / 리 / 실 / 무 / 영 / 어

B : Good evening, sir!
Are you ready to order?

G : What do you recommend?

B : What about Scotch or Gin?

G : What kind of Scotch do you have?

B : We have prime Scotch and standard Scotch.

G : Do you have 17 years old Ballentine prime Scotch?

B : Yes, If you take a bottle, we can give you 10% discount and serve you complimentary side dishes.

G : OK. I'll take a bottle…….
But what to do if I don't finish it today?

B : Oh, yes. We will number your bottle and keep it until you come back next time. You just have to remind us of your number.

G : Is there a time limit for keeping the bottle?

B : Yes. You can keep it for two years.

G : I see.

B : Thank you.

Tip

- prime Scotch and standard Scotch : 저장기간이 12년 이하인 스카치를 스탠다드 스카치라 하며, 12년 이상인 스카치를 프라임 스카치라 한다. 일반적으로 12년산, 17년산, 21년산, 30년산 등이 있다. 그리고 프라임 스카치는 스탠다드 스카치에 비해 몰트 원액의 함량이 더 많다.
- Ballentine prime Scotch : 12년 이상 숙성한 것으로 저장 연수에 따라 맛과 향의 차이가 두드러진 것이 특징이다. 캐나다의 거대주류기업 하이렘 워커사의 자회사인 조지밸런타인사 제품으로 우리나라에 가장 잘 알려진 스카치 위스키의 대명사이다.
- complimentary : 무료로 제공되는 음료나 안주
- side dishes : 안주

Dialogue · 4

조/리/실/무/영/어

B : Good evening, sir! What can I get you to drink?

G1: A large scotch, please.

B : On the rocks, sir?

G1: No. Just a little water, please.

B : How about you, sir?

G2: Yes. Something non-alcoholic, please. I'll drive.

B : We have a tonic, fruit juice and ginger ale. What will you have?

G2: A ginger ale, please. Do you sell cigarettes?

B : There is a vending machine over there, sir.

G2: OK. Can you change this ten-dollar bill, please?

B : Certainly.

Tip

• tonic : 토닉(진, 보드카 등에 섞어 마시는 탄산음료)
• ginger ale : 생강의 매운맛과 향을 더한 탄산음료로 천연 혹은 인공 향료를 탄산음료에 넣고 설탕과 구연산으로 맛을 낸다. 위스키나 브랜디에 혼합해서 마시기도 하며 과실, 과즙, 시럽 등을 첨가하여 여러 가지 음료나 디저트에도 쓰인다.
• vending machine : 자판기

(7) Handling Complaints

Dialogue · 1

G : Excuse me.
I'm not happy with this steak.
W : I'm very sorry, sir.
What's the problem?
G : I asked for it well-done, and it's completely rare.
W : I'm sorry, sir. There must be some mistake.
I'll change it for you immediately.

Tip

Beef Steak의 종류

• Flank Steak : 소 옆구리살
• Minute Steak : 얇게 저민 스테이크
• Rump Steak : 우둔살 스테이크
• Round Steak : 소의 사태에서 두껍게 베어 낸 고기
• Sirloin Steak : 등심스테이크

- Veal Steak : 송아지 스테이크
- T-bone Steak : T자 모양의 뼈가 있는 스테이크
- Rib Steak : 소 갈빗살
- Skirt steak : 쇠고기의 가슴살을 뼈 없이 베어낸 것.

Dialogue · 2

조/리/실/무/영/어

G : Look! You've spilt all over my dress!

W : I'm very sorry, madam.

I'll bring some water and napkin…….

G : No! I want to speak to the manager!

W : If you wish, madam.

M : I'm terribly sorry about this, madam.

We'll be happy to pay for your cleaning on our account, of course.

G : Oh, you will? In that case…….

Tip

- extremely, terribly : 극도로, 매우
- on our account : 저희가 지불하는 조건으로
- in that case : 그렇다면, 그런 조건이라면…

Dialogue · 3

조/리/실/무/영/어

G : Excuse me, miss.

I asked for my steak medium-well and this is barely cooked.

Can you cook it a little more?

W : I'm sorry. I'll be happy to take it back to our chef.
Is there anything else I can bring you while you're waiting?

G : No, doing my steak correctly will be enough.

W : All right. I'll get this back to you in just a few minutes.
(After a while)
Here you are. I hope this is better.
If there is anything else I can do for you, please let me know.

G : That's fine.

Tip

- this is barely(rarely, scarcely) cooked : 이것은 거의 익지 않았습니다
- let me know : 알려주세요

Dialogue · 4

조 / 리 / 실 / 무 / 영 / 어

W : How's your pepper steak?

G : Oh, it's great. Thanks.

W : Is it Something wrong with your lobster? you've hardly eaten any of it.

G : Well. it's overcooked and too salty.
I simply can't eat it. And I really don't think I should pay for this.

W : Oh! I'm sorry. I'll go get the manager right away.

Tip

음식에 이상이 있거나 잘못 나온 경우에 쓰이는 표현

- This food tastes [awful / funny / bad / strange / too spicy].
- This soup is [tasteless / salty / flavorless / lukewarm / cold].
- This salad is [limp / old / not fresh].

- This steak is [underdone / raw / bloody / overdone / hard / dry].
- These eggs are [runny / undercooked / raw / too soft / overcooked].
- This ice cream is [melted / runny].
- This beer is [warm / flat].
- This toast is [too dark / burnt / too light / damp].
- This tea is [too strong / too weak / cold / lukewarm].
- This glass is [dirty / stained /cracked / chipped].

Dialogue · 5

조 / 리 / 실 / 무 / 영 / 어

G : Waiter! Excuse me.
But this is not what I asked for.

W : It isn't? What did you order?

G : I wanted French toast.

W : Oh, I'm sorry. I got the orders mixed up.

G : That's all right.

W : Here you are.
French toast and bacon. Right?

G : Yes, that's right. Thank you.

Tip

- this is not what I asked for : 이것은 제가 주문한 것이 아닙니다.
- French toast : 볼에 달걀을 풀고, 우유를 넣어 잘 저어 준 후 빵을 넣고 잘 스며들도록 담가 두었다가 달군 프라이팬에 버터를 넣고 빵을 중 · 약불에서 양면을 굽는 요리. 토마토나 아스파라거스와 곁들여 함께 먹기도 한다.

(8) Paying the Bill

Dialogue · 1 (C-Cashier, G-Guest) 조/리/실/무/영/어

C : Did you enjoy your meal?

G : Yes, I did. It was delicious.

C : How would you like to pay, sir?

G : Do you accept Visa card?

C : Yes, sir. We accept most of credit cards.
Which would you prefer, separate bill or all in one?

G : Separate, please.

C : Here's the total amount, sir.
Could you sign here, please?

G : OK. (signing)

C : Thank you, sir. We hope you enjoyed your meal.
Hope to see you soon.

Tip

- Did you enjoy your meal? : 식사 맛있게 하셨습니까?
- Which would you prefer separate bill or all in one? : 계산서를 따로 하시겠어요? 아니면 하나로 드릴까요?

Dialogue · 2 조/리/실/무/영/어

C : Good afternoon, sir.
May I help you?

G : Yes. May I have the check, please?
How much is it?

C : Your bill comes to ₩54,000.

G : Are you sure that's right?

Shouldn't it be ₩45,000?

C : I'm afraid it's including 10% service charge and 10% tax.

G : Well, that's nuisance.

I only have about ₩50,000.

Do you take traveller's checks?

C : I'm afraid we do not accept them here.

You may change them at the exchange counter in the lobby.

G : Well, what about ABC credit card?

C : I'm afraid we do not accept ABC card.

G : How am I going to pay the bill then?

C : Are you a guest of our hotel, sir?

G : Yes, I am.

C : Please write down your name and your room number.

The amount will be added to your final bill.

G : I see. Here you are.

C : Thank you, sir. May I see your room key, please?

G : Here it is.

C : Thank you, sir.

We hope you enjoyed your meal.

Dialogue · 3

조 / 리 / 실 / 무 / 영 / 어

G : Can we have separate checks, please?

W : Yes, sir. Did you enjoy your meal?

How would you like to pay, sir?

G : By check.

W : I'm terribly sorry. There's a little problem with our computer system.
Please wait for a second. I'll be right back.

G : OK.

W : (later) I'm sorry to have kept you waiting, sir.
Here is your receipt.
Could you write down your name and telephone number?

G : Here you are.

W : Here's your change.
Thank you, sir. We hope to serve you again.

Dialogue · 4

C : Here's your bill.

G : Wow! I don't think this is correct.
We only have two Chef's salad and your soup of the day.
This says the bill is $40.

C : Let me take a look at that.
(After a while) No, this is correct.
Perhaps the bill seems high because of the V.A.T. and 10% service charge. Those are automatically added to the bill.

G : Oh, I didn't know that.
All right. Here you are.

C : Here's your change.
I hope you enjoyed your meal and will dine with us again soon.

Tip

- V.A.T. : value-added tax(부가가치세)
- service charge : 봉사료

3 레스토랑 서비스를 위한 유용한 표현

- I'd like to make a reservation for two for dinner today.
- How many are there in your party?
- May I have your name and your telephone number?
- When do you want to book?
- I'm sorry. We're fully booked today.
- How do you spell your last name?
- I'd like to confirm my reservation.
- Where would you like to sit?
- Would you like to sit by the window or aisle seat?
- How would you like your eggs?
- Please bring me two scrambled eggs.
- I want to have butter with my toast.

- I'd like to recommend a green salad.
- What kind of salad dressing would you like?
- What kind of sauce is on that?
- The garlic bread is on the house.
- Would you care for some dessert?
- Are you ready to order dessert now?
- Our dessert of the day is an apple pie.
- I'd like to recommend our fresh fruit tart for dessert.
- Would you like more coffee?
- I need some more coffee. Can I get a refill, please?
- This isn't what I ordered.
- May I get you anything else?
- Have you finished your meal, ma'am?
- May I clear the empty dishes?

- What would you like to drink with your meal?
- Can I get you something to drink?
- Would you prefer, red or white wine with your meal?
- I'll bring the wine list
- This is not what I asked for.
- Is there anything wrong with your steak?
- Shall I make out one bill or separate bill?
- Your bill comes to 20,000 won.
- Service charge and tax are included in the price.
- You may pay at your table.
- How would you like to pay, sir?
- I'm afraid this card has expired.
- Could you sign here, please?

Practical Cooking English

조리실무영어

Chapter 10

식음료 용어

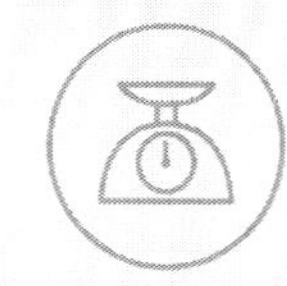

[A]

Agar

한천

A La Carte

주문에 의하여 준비되는 일품요리 또는 선택 요리로 주문된 요리만을 서비스하는 형식의 식당에서 판매되는 메뉴

Abalone

전복과에 속하는 조개의 하나

After Dinner Drinks

식후에 마시는 음료(알코올성 음료)로 브랜디나 단맛의 칵테일

Afternoon Tea

간단한 샌드위치나 과자, 초콜릿, 차 종류 또는 가벼운 와인까지 포함하여 서브되는 간단한 스낵으로 세미나와 컨벤션에 많이 이용된다.

Aging

증류주의 숙성과정에서 술통 속에 저장한 기간을 말하며 포도주의 수확년도인 Vintage와 비슷하다.

Ale

일반적인 맥주보다 고온에서 발효시킨 맥주로 Lager Beer(병맥주)보다는 Hop량이 강한 맥주

American Service

일명 어메리칸 서비스로 서비스의 기능성, 유용성, 효율성, 신속성의 특징을 가지고 있어 가장 널리 이용되는 서비스의 형태로써 트레이(tray)서비스와 플레이트(plate)서비스가 있다.

Anna Potato

감자를 얇게 슬라이스해서 밀가루를 뿌리고 동그란 모양으로 차곡차곡 쌓아 팬에 굽고 오븐에서 익힘

Anchovy

청어과에 속한 작은 생선인 멸치

Anis

아니스의 열매로 맛을 낸 스페인산의 독한 술

Aperitif Wine

식전 또는 전채요리에 마시는 식욕촉진 와인으로 스페인의 Shery Wine이 유명

Arm Towel

뜨거운 음식이나 집기 등을 운반할 때 팔에서 미끄러지지 않기 위해서 사용하는 타월로 일명 웨이터 타월이라고도 함.

Appetizer

식욕을 촉진하는 음식으로 서양요리에서 가장 먼저 제공되는 전채요리

Appetizer Cocktail

식욕을 증진시키기 위하여 식사 전에 마시는 칵테일로 대표적으로 마티니, 스크루 드라이버 등이 있다.

[B]

Bain-marie

뜨거운 물에 조리된 음식이 담긴 용기를 넣어 따뜻하게 데우는 중탕기

Baked Beans

찐 콩을 베이컨과 함께 구운 요리

Balsamic Vinegar

이탈리아 에밀리아로마냐 지역, 모데나 시에서 처음으로 생산되었던 식초로 흰색의 트레비아노종 포도를 사용하여 농도가 생길 때까지 끓여준 후에 발효되지 않은 상태에서 주스를 숙성시켜 만든다. 오크통 속에서 10년간 숙성되면 색이 검게 변하게 되고 증발되면 다시 작은 오크통으로 옮겨져 숙성과정을 거치게 된다.

Barding

조리과정 동안 재료 표면이 건조되는 것을 방지하기 위해 버터, 오일, 소스를 끼얹거나 발라주는 것

Bar

음료 및 알코올류 메뉴를 중심으로 서브하는 곳

Bar Spoon

칵테일을 만들 때 사용하는 긴 스푼으로 한쪽 끝이 포크로 되어 있다.

Bar Wagon

고정된 바 대신에 이동하여 판매할 수 있는 웨곤으로 각종 주류, 글라스, 기물 및

얼음과 조주에 필요한 각종 부재료도 준비하여 고객 앞에서 주문받아 직접 조주하는 이동용 왜건

Baste

건조하게 구워지지 않게 하기 위해 소스나 버터를 발라주는 것.

Base

칵테일을 조주할 때 가장 많이 함유되는 술을 말하며 '주재료'나 '기주'라 부른다. 일반적으로 칵테일의 기주로서 많이 사용되는 것으로 진, 보드카, 럼, 위스키, 브랜디와 같은 증류주이다.

Basil

향료의 일종으로 이란과 인도가 원산지이고 이탈리아, 남 프랑스, 미국이 주산지이다. 주로 어린잎을 적기에 따서 사용하는 일년생 식물로 높이 45cm까지 자라며 엷은 신맛을 낸다.

Batter

튀김이나 머핀, 와플을 만들기 위한 되직한 반죽으로 밀가루에 물이나 우유, 달걀을 거품기로 저어 묽거나 걸쭉한 형태

Bay Leaf

월계수 잎이며 녹나무 과에 속하는 상록관목나무로서 원산지는 지중해 연안, 이탈리아, 그리스 등이며 이 잎사귀를 건조시켜 요리에 사용한다.

Beater

반죽할 때 부드럽게 하기 위하여 사용하는 기구

Beef Steak

가장 대표적인 앙트레 요리이며 쇠고기를 두껍게 2~2.5cm 잘라서 요리한 것.

Beer

대맥, 홉, 물을 주원료로 효모를 섞어 저장하여 만든 탄산가스가 함유된 맥주

Bill of Fare

메뉴, 차림표의 뜻

Bisque

새우, 가재, 게 등의 갑각류를 사용하여 만든 진한 크림수프

Bitters

칵테일이나 기타 드링크류에 향을 더하기 위해서 만든 향신료

Blanching

적은 양의 재료를 많은 양의 끓인 물에 집어넣어 재빨리 조리하는 방법

Blending

2개 이상의 요리재료를 믹싱하는 조리법

Block of ice

파티 등에서 펀치 볼(bowl)에 넣어 화려하게 장식하는 1kg 이상의 큰 얼음 덩어리

BLT Sandwich

Bacon, Lettuce, Tomato를 주재료로 하여 만든 인기품목의 샌드위치

Blue Cheese

이탈리아 고르곤졸라 치즈와 프랑스의 로케포르 치즈, 영국의 스틸턴 치즈는 블루 치즈이다. 로케포르 치즈는 양의 우유를 사용하며, 고르곤졸라는 황소의 우유를 사용하며 맛이 부드럽고 크리미하다. 스틸턴 치즈는 영국에서 생산되며 잘 숙성되고 부서지지 쉬운 거친 질감을 가지며 향이 매우 강함.

Boiled Egg

껍질째 삶은 계란 요리로, 흰자위만 익히는 Soft Boiled eggs와 노른자까지 익히는 Hard Boiled eggs가 있다.

Boiling

주재료를 물에 넣고 끓이는 조리 방법

Bombe

둥근 덩어리로 뭉친 아이스크림

Bouquet Garni

셀러리, 파슬리 줄기, 월계수 잎, 타임, 통후추 등을 실로 묶어 스톡, 수프, 소스, 스튜 등에 넣어 잡냄새를 제거하고 향을 살리기 위해 첨가됨.

Brandy

포도를 발효, 증류하여 숙성시킨 술로 독특한 향기와 단맛이 나는 증류주이다.

Bread Basket

빵을 담는 바구니

Brochettes

꼬챙이에 끼워 구운 고기

Bus Boy

보조 웨이터

[C]

Canape

작은 조각의 빵이나 과자 위에 다양한 재료를 올려 한입 크기로 만든 요리

Captain

식당에서 손님의 주문 받는 일을 수행하면서 웨이터와 함께 정해진 구역의 서비스를 책임지는 호텔 직원으로 서버보다 지위가 높고 매니저보다는 낮은 직급

Carry-over Cooking

여열조리법. 열원을 제거한 후에도 재료에 남아 있는 내부의 열에 의해 조리가 계속 이어지는 것.

Casserole

밥, 감자 또는 수분이 있는 음식을 조리할 수 있는 바닥이 두꺼운 팬으로 오븐의 높은 열에도 견딜 수 있는 냄비

Caviar

캐비어는 철갑상어의 알을 가공한 식품으로 버터를 바른 토스트에 레몬 양념을 하여 간 양파, 삶은 계란의 흰자와 노른자를 따로 다진 것으로, 사워크림를 얹어 함께 먹거나 토스트 대신 딱딱한 빵이나 크래커를 사용할 수도 있다. 질이 덜어지는 캐비어는 소스나 토핑의 재료로 사용하거나 사워크림과 혼합해서 사용한다.

Captain's Order Pad

고객 식음료 주문서

Corsage

회갑, 생일 등 파티 행사 시 주빈 앞가슴에 다는 꽃

Cuisine

요리, 음식

Cafe Cappuccino

계피향이 독특한 조화를 이루는 이탈리아의 대표적인 커피로 시나몬커피라고도 부르며 진하게 추출한 커피에 설탕을 용해시킨 후 계핏가루를 살짝 뿌리는 커피

Caramelizing

설탕을 많이 넣은 음식물을 갈색으로 변하게 될 때까지 뜨겁게 열을 가해 특유의 향내가 나오게 하는 것.

Caviar

소금에 절이고 Press한 철갑상어의 알젓 즉, 생선알젓을 말한다.

Cellar Man

호텔의 저장실관리인, Bar의 주류창고관리자

Cereal

주로 조식에만 제공되는 곡물요리로서 뜨겁게 제공되는 Hot cereal과 차게 제공되는 Cold cereal이 있다.

Chef

식당의 주방장

Chilling

칵테일 글라스나 맥주 글라스 등을 차게 하여 냉장시키는 것.

China Ware

도기류로 대부분의 경우 주방에서 취급되지만 요즈음에는 식당지배인 주관 하에 취급된다. 모든 도기류들은 서비스를 담당하는 부서의 철저한 청결이 확인되고 취급되어져야 한다.

Chowder

대합, 생선, 감자 등의 재료가 듬뿍 들어간 걸쭉한 크림수프

Cider Vinegar

사과로 만든 식초로 와인식초와 몰트식초의 중간 맛을 띈다. 신선한 토마토와 함께 사용하면 풍미가 증가됨.

Clam

여러 요리에 사용되는 둥글고 베이지색이 나는 백합과에 속하는 조개

Clear Soup

맑은 스프이며 주재료는 소 닭 생선 등 한 가지만을 사용한 스프

Cocktail

일반적으로 알코올성 음료에 과즙류 혹은 비알고올성 음료 및 각종 향을 혼합하여 만드는 혼합음료의 총칭

Cognac

프랑스 코냑 지방에서 생산되는 최고의 브랜디

Cointreau

오렌지 향을 가미한 도수가 40도인 프랑스산 무색 리큐르

Compote

신선하거나 말린 과일을 통째로 혹은 조각내어 농축된 시럽에 담가서 만든 음식

Compound Butter

부드럽게 한 버터에 허브나 마늘 등을 넣어 만든 것.

Condiment

소금, 후추, 고춧가루 등의 양념 세트

Continental Breakfast

커피, 홍차, 주스, 코코아, 우유 등의 음료와 잼을 곁들인 토스트 모닝롤 등으로 구성된 간단한 유럽식 아침식사

Cook Helper

조리사를 보조하여 야채 다듬기, 식자재 운반, 칼 갈기, 조리기구의 세척, 청소 등의 잡무를 담당하며 조리사의 기초를 다지는 사람

Cork

와인의 병마개로서 와인의 숙성과정에서 숙성이 진행되고 와인의 맛을 좋게 하는데 절대적인 기능을 하고 있으며 기공이 있어 와인 숙성에 도움을 준다.

Creaming

음식물을 부드럽게 크림이 되게 함.

Crepe

우유에 밀가루를 첨가하여 팬에 얇게 구운 전병으로 안에 각종 과일을 첨가하거나 치즈 등을 첨가

Cruton

식빵을 주사위 모양으로 썰어 팬에 토스트하거나 버터에 튀겨낸 빵조각으로 수프, 샐러드에 곁들임.

Cuisine

요리를 의미함.

Curry

소스를 뜻하는 남인도의 타밀어세서 나온 말로 향신료의 일종이다. 강황, 새앙, 고추 등을 섞은 노란색의 자극성이 강한 가루로 주산지는 인도이다.

Custard

우유, 달걀, 설탕 등을 섞어 찌거나 구운 부드러운 과자

Cycle Menu

일정기간 동안에 걸쳐 순환되어지는 메뉴

[D]

Decanter

포도주를 담는 유리병

Decanting

와인의 찌꺼기를 거르거나 다른 용기에 담는 과정

Deluxe Restaurant

고급호텔의 Main restaurant 혹은 품위가 있는 고급식당을 뜻한다.

Devil

겨자향이나 매운맛이 나도록 조미하는 것. 겨자향이 나는 요리

Distilled Vinegar

물처럼 투명하며 원재료의 색을 살리기 위한 음식 절임에 사용되는 증류식초, 향이 매우 강하고 점차 술처럼 되어감.

Dough

물, 밀가루, 설탕, 우유, 기름 등을 가해 혼합하여 반죽을 한 것.

Doyley Paper

패스트리, 케이크 등을 싸거나 바닥에 받치는 용도의 종이로 바닥에 붙지 않고 위생적인 처리를 하기 위함.

Draft Beer

살균처리하지 않은 생맥주

Dressed Food

음식 상품으로서의 가치를 높이기 위하여 예쁘게 장식되고 정리된 음식

[E]

Egg Custard

달걀을 주로 해서 만든 부드러운 케이크

Egg Wash

달걀물

Entree

메인디시

Entremets

달콤한 디저트

Escargot

식용달팽이

[F]

Farce

간 고기

Fermented Liquor

과실류와 곡류에서 당분에 효모를 가하여 발효시킨 술로 일명 양조주 또는 발효주라 함.

Fillet

뼈 없는 육류

Finger Bowl

식사 도중에 과일을 먹을 경우, 물을 용기에 담아 손을 씻는 기구

Filet Mignon

소고기 안심 스테이크

First-in First-out(FIFO)

식자재나 술 보관 시 오래 보관된 것부터 사용되어지는 시스템

Fish Sauce

남아시아와 동아시아에서는 소금 대신에 음식에 이것을 넣어 조미한다. 생선을 절여서 발효시킨 맑은 액체상태의 소스로 자극적인 향과 짠맛이 강하다. 태국에서는 '남 피아', 필리핀에서는 '파티스', 베트남에서는 '누옥 맘'으로 불리며 다양한 음식과 혼합되며 찍어 먹기도 함.

Fish Stick

생선을 가늘고 긴 모양으로 만들어 빵가루를 입혀 튀긴 것.

Fizz

탄산음료를 딸 때 '피' 하는 소리에서 유래된 말로서 주로 Gin으로 만든다. 탄산가스가 물에서 떨어져 나갈 때 나는 '피식'하는 소리에서 비롯된 의성어

Flavored Oil

음식의 전체적인 맛을 내기 위한 용도의 기름으로 향신료와 스파이스, 레몬 껍질 같은 재료를 오일에 넣어 만든다. 대부분의 사용 용도는 파스타와 샐러드에 주로 사용된다.

Flavored Vinegar

향초식초는 신선한 허브(타라곤, 미트, 바질 등)를 병에 담아 냉장고에서 24~36시간 동안 흔들지 말고 공기가 통하지 않게 보관한다. 보관시간이 되면 체에 걸러 다양한 음식에 첨가 가능하다.

Foie-gras

프랑스어로 Foie는 '간', Gras는 '비대한'의 뜻으로 푸아그라는 비대한 간을 말하며 주로 가금류인 거위와 오리의 간을 일컫는다. 푸아그라는 기름지면서도 부드럽고 씹힐듯 하면서도 씹히지 않고 입에서 녹아드는 독특한 육질로 테린이나 파테처럼 고급음식에 이용되기도 하며 날것을 구워 먹기도 함.

Fond

스톡

[G]

Garde-manger

찬 요리 주방

Garnish

요리에 장식효과를 내기 위해 첨가하는 것을 말하며 먹을 수 있음.

Gelatin

동물이나 생선의 뼈나 껍질, 힘줄, 내장 등에 포함되어 있는 콜라겐이 주요 성분으로 정제도가 높고 투명한 양질의 젤라틴은 식용으로 사용되고 있으며 무향, 무미, 무취, 무칼로리의 특성을 갖는다. 불순물이 포함된 저질의 젤라틴은 아교라 하며 공업용으로 사용됨.

Gin

곡류를 원료로 하여 발효 · 증류한 주정에 두송실 열매(Juniper Berry)와 향료를 첨가하여 만든 증류주로서 칵테일의 기주로 많이 사용됨.

Gin Fizz

진에 레몬, 탄산수를 탄 칵테일

Ginger Ale

생강의 향기를 나게 한 소다수에 후추, 레몬, 구연산, 기타 향신료를 섞어 캐러멜 색소에 착색한 청량음료로 칵테일용으로 많이 쓰인다.

Glass Ware

식당기물 중에서 유리로 만든 식기의 종류

Goblet

손잡이가 달린 글라스

Great Wine

포도주를 만들어서 15년 이상 저장하여 50년 이내에 마시는 와인

Grenadine Syrup

당밀에 석류열매의 색과 향을 가미시킨 붉은색의 시럽으로 과일향의 시럽 중 가장 많이 쓰이는 시럽

Griddle

두께가 약 0.7cm 되는 두꺼운 철판 위에서 재료는 볶는 것.

Grill

호텔 레스토랑에서 고객에게 육류와 와인 등을 제공하는 식당. 혹은 육류나 생선 등을 뜨겁게 달궈진 석쇠에 올려놓고 직화로 굽는 기구.

[H]

Haggis

송아지나 양의 간과 심장, 폐를 이용하여 만든 스코틀랜드 정통요리

Hamburger

대표적인 패스트푸드이다. 제1차 세계대전 당시 함부르크 지방에 고립된 연합군들은 식량부족을 해결하기 위해 부대에서 나오는 찌꺼기 고기들을 버리지 않고 갈아

서 조리한 후에 빵에 끼워 먹었다고 하며 그곳의 지명을 따서 영어식 표기로 햄버거라고 부르게 되었다.

Hamburger Steak

서양요리의 하나로 잘게 썬 쇠고기를 재료로 하여 조리한 음식이며 독일의 함부르크식 구운 고기요리라고도 한다.

Hand Shaker

칵테일을 조주하는 데 필요한 필수적인 기구로 각종 재료를 넣어 그 재료들이 잘 혼합되어 용해되고 냉각시키기 위해서 흔들어 주는 기구

Head Count

실제 제공되는 식사 수

Head Waiter

레스토랑의 서비스 총괄 책임자

House Wine

호텔이 영업 신장을 위하여 정한 기획 와인으로 대체적으로 저렴한 상품을 글라스 단위로 판매할 수 있는 와인

Hop

맥주양조 시에 사용되는 원료이다. 맥주의 특유한 향과 상쾌한 맛을 주고 방부, 보전의 성능을 가지고 있을 뿐만 아니라 맥주의 거품을 내는 구실도 하기 때문에 홉의 질과 사용법 여하에 따라 그 맥주의 질을 좌우하게 된다. Hop은 맥주의 특이한 쓴맛과 향기를 뿜게 하는 역할을 한다.

Hot Plate

요리용 철판, 요리용 전기히터 혹은 더운 접시

[I]

Ice Pail

얼음을 넣기 위한 용기로서 금속제품과 유리제품이 있다.

Ice Pick

얼음을 깰 때 사용하는 송곳

Icing

장식용으로 쓰이는 얼음크림

Ice Tong

얼음을 집기 위한 기구로서 끝부분이 톱니모양으로 만들어져 있는 집게

Inventory

식음료나 다른 물품의 재고량 조사

[J]

Juicer

스퀴저(squeezer)나 믹서로 짜지 못하는 파인애플과 같은 껍질이 두꺼운 과실의 즙을 짤 때 쓰이는 기구

Joinville

살짝 데친 생선에 소스를 뿌린 혀가자미 요리

[K]

Ketchup

토마토, 식초, 소금, 양파, 향초 등을 재료로 하여 만든 소스

[L]

Laddy Curzon

콩소메 위에 크림을 휘핑한 뒤 커리향을 첨가하여 그라탕한 요리

Larder

작은 베이컨 조각을 고기 사이에 집어넣은 것. 고기저장소 또는 식료품실.

Larding

기름기가 없는 고깃덩어리에 돼지비계를 가늘고 길게 썰어서 고깃덩어리 표면에 꿰매 붙여 넣는 것을 말함. 이렇게 하면 고기에 수분이 유지되고 맛이 향상됨.

Lemon Soda

레몬 맛을 첨가한 탄산음료

Lemonade

레몬주스에 설탕, 물, 탄산을 첨가해 만든 음료

Lettuce

양상추로 햄버거나 샌드위치 등에 곁들인다.

Lime Juice

레몬을 닮은 감귤류의 과실이며 레몬보다 알은 작으나 산미가 강하다. 칵테일에 생으로 짜서 주로 사용한다.

Lobster

바닷가재

Luncheon

점심, 오찬

[M]

Marengo

버섯, 토마토, 올리브, 포도주 등으로 만든 소스

Marinara

토마토, 양파, 마늘, 향신료로 만드는 이탈리스 소스

Malt Vinegar

맥아식초는 보리를 양조하여 만들어진다. 갈색의 캐러멜색을 갖고 있고 최고의 상품은 초절임에 사용된다. 또한 영국의 유명한 음식인 'Fish & Chips'에 곁들임.

Marinade

조리 전 육류나 어류의 풍미를 좋게 하고 육질을 부드럽게 하기 위한 목적으로 사용되는 절임의 의미이며 중요한 조리과정 중 하나이다. 육류 및 어류 등에도 풍부한 맛을 첨가하기 위해 부드러운 육질을 위해서도 사용된다. 육류는 오일을 기초로 하여 사용되며 신맛이 나는 액체 등에도 이용된다.

Measure Cup

칵테일 조주 시 용량을 재는 도구로 일명 Jigger라고도 한다.

Meat Loaf

갈은 육류에 크래커나 빵가루, 계란 등을 함께 섞어 덩어리로 만들어 구운 것을 의미한다. 뜨겁게 먹지만 작게 잘라 찬 오르되브르에 사용하기도 함.

Melba Toast

통 식빵을 얇게 슬라이스하여 여러 형태로 자른 후 오븐에 구워 바삭하게 한 것으로 생선요리에 함께 제공되며 서양식 육회 같은 다짐요리(tartare)에는 필수적으로 동반됨.

Menu

레스토랑이나 바에서 판매되는 식음료 목록

Medium

스테이크가 중간 정도 익은 상태

Meringue

계란흰자에 설탕을 첨가하고 빽빽하게 거품 낸 것. 익히는 정도에 따라 거품이 있거나 바삭바삭하다. 머랭은 보통머랭, 이탈리아머랭, 머랭 쉬르르퓌가 있음.

Mirepoix

스톡, 수프, 스튜잉 등의 향미를 내기 위한 양파, 당근, 셀러리

Mould

틀, 형, 주형

Mousse

계란, 생크림, 설탕, 럼을 혼합한 다음 글라스에 넣어 차갑게 한 디저트로서 부재료에 따라 종류를 다양하게 할 수 있다.

Muffin

옥수수가루 등을 넣어서 살짝 구운 빵

Mug

글라스의 한 종류로 손잡이가 달린 소형 맥주잔

Mustard

겨자

Mutton

1~5년생의 양에서 얻은 고기

[N]

Naan

'난'이라는 빵은 동인도의 주요한 탄수화물 급원으로 밀가루와 요구르트로 반죽하고 공기 중의 자연적인 이스트에 의해 부풀려진다. 이 빵은 전통적으로 타두리(인도의 화로)에서 굽는다. 반죽은 피자처럼 아주 납작하게 만들어 탄두리에 붙여 구워진다. 몇초가 되지 않아 빵은 살짝 부풀고 곤이어 색이 난.

Napper Style

소스를 요리 표면 전체에 뿌리는 방법

[O]

Oatmeal

곡물류로 우유를 곁들여 먹는다.

On Shot

술 한 잔의 뜻

Order Pad

주문서를 말하며 주문서는 보통 수납원용, 바 혹은 주방용, 종사원용의 3매로 되어 있다.

Outside Catering

출장파티를 뜻하며 호텔을 떠나 주최 측이 원하는 장소에서 행사를 준비하고 서비스를 하는 연회행사이다.

Over Easy

계란요리 명칭이며 노른자를 깨뜨리지 않고 앞, 뒤를 다 익힌 것.

Over Medium

계란요리 명칭이며 over easy보다 좀 더 익힌 것.

Over Hard

노른자를 깨뜨려 앞, 뒷면을 다 익힌 것.

[P]

Pain

빵

Parcooking

재료를 완전히 익히지 않고 반쯤만 조리하는 것.

Parfait

아이스크림에 건과자류와 리큐르 등을 넣어 만든 빙과용 후식

Pastry

디저트로 제공되는 작은 케이크류

Patty

작은 고기 덩어리, 작은 반죽의 뜻

Pantry

식료품 저장실, 식기실

P.D.R(Private Dining Room)

별실

Pesto

올리브유에 바질, 엔초비, 마늘을 함께 갈아 만든 이탈리아 소스

Pilsner

길고 좁은 형태의 손잡이가 달린 맥주 또는 칵테일글라스

Pizza

이탈리아식 요리로 많은 대중들에게 인기 있는 메뉴이다. 토마토 페이스트를 기본 재료로 하여 각종 토핑을 얹어 오븐에서 구워 제공한다.

Plain

아무것도 가미하지 않은 음식이나 음료 본래 그대로의 상태

Plain Toast

아무것도 바르지 않고 구운 보통의 토스트

Poached Egg

식초를 가미한 끓는 물에 계란을 깨어 넣고 약 3분간 반숙 정도로 익히는 요리

Poaching

소금, 후추, 와인을 소량 넣은 끓인 물에 원형을 상하지 않게 데치는 조리 방법

Pork Cutlet

돼지고기를 얇게 저민 후 밀가루 계란 빵가루를 묻혀 튀겨 낸 요리

Port Wine

와인에 브랜디를 첨가한 포르투칼산 강화와인

Potage

진한 수프

Proof

미국의 알코올 도수 표시로 일반 알코올 도수를 2배로 표기(43% = 86Proof)

[Q]

Quenelle

돼지나 생선 등을 이용한 미트를 스푼을 이용하여 타원형의 모양으로 만든 것을 의미한다. 콩소메 같은 값비싼 수프의 가니쉬로 사용하지만 일반적으로는 맛이나 질감을 평가하기 위해 맛을 보기 위한 차원에서 사용

[R]

Raisin

건포도

Rare

스테이크가 덜 익은 상태

Receptionist

예약 및 영접, 안내, 환송의 업무가 주 임무인 직원

Recipe

요리나 칵테일의 내용물과 조리 방법을 세밀하게 기록한 것으로 주로 카드를 이용하여 호텔이나 식당에서 표준상품의 제품지침서로 사용한다. 즉 재료배합의 기준량과 만드는 순서 등을 나타낸다.

Recommend

식당에서 메뉴의 품목을 추천한다는 뜻

Red Wine Glass

적포도주 잔으로 용량은 120~150ml이다.

Refrigerator

냉장고, 냉각기

Reservation

예약

Reservation Deposit

객실이나 연회실의 예약을 확실히 얻기 위하여 요구되는 선불요금

Rib Steak

갈빗살 스테이크이며 등쪽에 있는 갈비부위를 이용한 스테이크

Rice Vinegar

쌀을 이용한 식초는 주로 일본과 남서아시아에서 사용됨. 특히 초밥을 지을 때 사용되는 식초

Roasting

고기 덩어리를 숯불이나 직접 열로 익히는 조리법이나 요즈음은 오븐에서 사용하기도 한다.

Rosette

장미꽃 모양의 장식을 말하며 꽃모양의 매듭을 의미하기도 한다.

Roti

구운

Roux

밀가루와 버터를 1: 1로 볶은 것을 말한다. 소스와 스프를 만드는 재료로 사용된다.

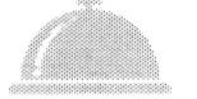

Royal Coffee

브랜디를 넣은 커피

[S]

Salsa

살사는 익히지 않은 과일이나 야채를 이용하여 만드는 멕시코 소스

Samosa

인도 거리에서 판매하는 리어카나 노점음식인 스낵의 일종. 얇은 밀가루전병에 고기나 야채를 넣어 삼각형 모양으로 말아 기름에 튀긴 요리

Sauce Boat

드레싱이나 소스를 제공할 때 사용하는 그릇으로 보트 모양이다.

Sauerkraut

양배추를 썰어 소금으로 간을 하여 절여 놓았다가 베이컨과 함께 볶아 소시지와 함께 주로 먹는 독일식 김치

Salmon

연어

Searing

그리들이나 브로일러 혹은 프라이팬에 높은 열을 가하여 고기 표면을 갈색을 내어 육즙의 유출을 막기 위한 조리 방법이다. 육류나 생선 로스팅 전의 조리과정에 있어서 필수적인 단계

Seasonal Menu

계절의 재료를 사용하여 1주에서 길게는 2~3개월까지 사용하는 메뉴

Seasoning

양념하기

Sediment

와인에 가라앉은 앙금

Self Service

우아하고 맛있게 진열된 요리식탁에서 고객 스스로 식사할 만큼 선택하여 먹는 식사방법이며 때로는 식탁 위에 요리사가 배치되어 고객이 선택하는 요리를 서비스하기도 한다.

Seat No.

영업장 테이블의 좌석번호로 서비스에 만전을 기하기 위해 편리하게 정한다.

Shaker

일반적으로 잘 섞이지 않는 칵테일을 만드는데 필요한 대표적인 기구로 cap, strainer, body의 세 부분으로 구성되어 있으며 body에 얼음과 재료를 넣고 흔들어 칵테일을 만드는 기구

Sherry Vinegar

스페인산 백포도주에서 얻어지는 식초로 부드럽게 숙성된 것은 발사믹 식초를 대신할 정도로 부방에서 최고의 가치를 가진다. 레몬주스와 섞어 비네그레트를 만들면 견과류 맛이 나는데 거의 호두 오일과 비슷하다.

Sherry

식욕을 촉진시키는 백색 스페인산 식전 포도주

Show Plate

서비스 전에 냅킨을 올려놓는 접시로 일반적으로 고급레스토랑에서 많이 사용되거나 귀한 연회파티에 사용되어진다.

Side Station

신속한 서비스를 위해 영업장 내 편리한 곳에 기물을 놓는 장소로 Service station, Waiter station이라고도 한다.

Skipper

식음료 요금을 지불하지 않고 떠난 고객

Smoked

연한 생선을 주로 조리할 때 많이 쓰이는 훈제 조리 방법으로 연어, 장어, 송어 등을 훈제하여 많이 먹는다.

Standard Recipe

일정한 품질의 식음료를 만들기 위한 표준조리법 또는 표준조주법으로, 1인분의 양을 통제하는데 중요한 지침서를 말한다.

Soft Drinks

비알코올성 음료인 청량음료

Sour

신맛

Soy sauce

콩을 재료로 하여 소금, 향을 가미한 액체소스로 동양식 요리에 사용되는 간장

Strain

액체를 고운체 등으로 걸러냄.

Sundae

시럽과 과일 등을 얹어 만든 아이스크림의 한 종류

Sunny side up

노른자위가 약간 익을 정도로 한 면만 굽는 계란요리

[T]

Table Service

웨이터로부터 직접 제공받는 서비스로 아메리칸, 러시안, 프렌치 서비스가 있다.

Tenderloin Steak

쇠고기 안심 스테이크

Tomato Concasse

토마토 껍질을 벗겨 작은 다이스 형태로 써는 것.

Tonic Water

영국에서 처음으로 개발한 무색투명의 음료이며 레몬, 라임, 오렌지 등의 엑기스를 만들어 당분을 배합한 것이다. 이것은 열대 지방인들의 식욕증진과 원기를 회복시키는 음료이다.

Tortilla

토르티야는 멕시코의 빵이다. 옥수수나 호밀가루로부터 만들어지고 둥그렇고 얇은 모양이다. 토르티야는 항상 뜨겁게 제공되며 빵은 바구니에 담겨 나오는데 이 토르

티야로 접시에 묻어 있는 소스를 깨끗하게 닦아서 먹는 모습을 볼 수 있다. 미국인들은 그것을 스팀하거나 튀기는 형태로 만들고 토르티야는 타코, 엔칠라다, 케사디야, 토스타다와 비슷한 요리들을 준비하기 위한 기초재료로 사용된다.

Trolley

레스토랑에서 음식을 운반할 때 쓰는 바퀴 달린 웨곤

Truffle Oil

트러플에서 추출된 최고급 오일로 모든 요리에 소량씩 사용한다. 장기간 보관이 가능하므로 소량씩 사용하며 이탈리아의 스튜요리와 버섯요리에 주로 사용됨.

[U]

Utensil

주방이나 바(Bar)에서 사용되는 기물의 총칭

[V]

VAT(Value Added Tax)

부가가치세

Veal

송아지고기

Vintage

포도의 수확년도 또는 생산년도를 말하며, 특별히 농사가 잘된 해의 포도로 만든 와인은 그 연호를 상호에 표시하며, 이것을 빈티지 와인이라고 한다.

[W]

Waiter Knife

종업원들이 식당 서비스를 할 때 휴대하는 기물이며 주로 와인의 뚜껑을 오픈할 때 코르크와 병목을 싼 납 종이를 오려내는 데 사용하는 칼이다.

Walnut Oil

많은 양의 호두를 압착해서 추출한 오일로 풍미가 좋아 특별한 샐러드에 사용

Watercress

유럽 중남부가 원산지로 우리나라 이름으로 물냉이, 양갓냉이라고도 하며 향긋하면서도 톡 쏘는 쌉쌀한 매운맛의 채소이다. 비타민 C는 상추의 11배나 되며 항암작용이 있어 건강식의 녹즙이나 드레싱으로 활용

Welcome Drink

'환영의 음료'로서 호텔에 투숙하는 단체고객이 호텔에 도착할 때 인솔자가 체크인하는 동안 기다리면서 마시게 하는 음료

Well-done

스테이크가 잘 익은 상태

Whipping

공기를 넣기 위해 빠른 동작으로 Beating하여 부풀게 하는 조리 용어이다.

Whipping Cream

유지방이 많이 든 거품일구기 좋은 크림이다.

White Coffee

커피와 우유란 의미의 프랑스풍 커피이며 모닝커피로 알맞고 커피를 보통 커피의 추출농도보다 40% 정도 진하게 추출한 후 큰 컵에 설탕을 미리 넣고 커피와 동시에 따뜻한 우유를 부어 제공한다.

White Fish

연어과에 속하며 호수에 서식한다. 작고 두꺼운 지느러미와 꼬리의 끝을 가지고 식별할 수 있다. 육질은 건조시킨 것이 살이 희고 맛이 있다.

White Rum

사탕수수를 원료로 하여 만든 증류주의 일종이다.

Wine

포도주 즉 양조주의 대표적인 술로서 포도를 원료로 하여 만들어지는데 빵과 함께 오랫동안 주식이 되어 온 포도주의 역사는 지금으로부터 약 5,000년 전으로 거슬러 올라간다.

Wine Butler

와인 전문가로서 와인 주문, 와인 추천, 요리와 적합한 와인 추천, 와인창고관리 등을 담당한다.

Wine Cellar

와인저장실로 실내온도가 섭씨 10~20도 정도가 적당하고 습도는 75%가 적당하며 빛이 너무 많으면 안 된다.

Wine Cradle

와인을 뉘어 놓는 손잡이가 달린 바구니 혹은 와인 바스켓을 말한다.

Wine Decanting

와인 디켄팅이란 침전물이 있는 레드 와인을 그냥 서브하면 와인 침전물이 글라스에 섞여 들어갈 염려가 있으므로 와인병을 1~2시간 똑바로 세워둔 후에 촛불 또는 전등을 와인병 목부분에 비춰 놓고 Decanter(크리스탈로 만든 마개가 있는 와인병)로 옮겨 붓다가 침전물이 지나가면 정지하여 순수한 와인과 침전물을 분리시키는 작업을 말한다.

Wine Label

상표, 생산자의 이름, 생산지, 포도 품질등급, 포도를 수확한 연도가 상세히 기재되는 라벨로서 특히 맛이 뛰어나고 질이 좋은 와인일수록 철저히 지켜지고 있다.

Wine List Number

샴페인이나 와인은 종류가 많으므로 각각 종류별로 번호를 붙여 주문하기 편리하도록 한 것이다.

[Y]

Yield Test

구매된 식료 원재료를 가지고 조리하여 판매할 수 있는 완제품의 상태로 만들었을 때의 수량이나 무게 및 양을 실험하는 것이다. 예를 들면 10kg의 고기로 몇 개의 스테이크를 만들 수 있는가 또는 위스키 한 병으로 몇 잔의 칵테일을 산출할 수 있는가를 재어 보는 것을 말한다. 산출량 실험을 하기 위해서는 구매한 무게, 먹을 수 있는 무게, 요리 시 발생하는 낭비, 손실률 등을 고려하여야 한다.

Young Wine

포도주를 만들어서 1~2년 저장하여 5년 이내에 마시는 포도주를 말한다.

[Z]

Zest

오렌지나 레몬의 껍질

Zigger(Measure cup)

칵테일을 만들 때 용량을 재는 기구로서 30ml, 45ml를 잴 수 있는 삼각형이 두 개 마주보며 반대로 붙어 있다.

참 / 고 / 문 / 헌

1. 국내문헌

1. 김상철 외(2014). 호텔조리실무영어. 지구문화사.
2. 김대익(2010). 실무조리영어. 두양사.
3. 김효진 외((2014). Fundamental English for Culinary Arts. 기린원.
4. 이수부 외(2014). 조리영어. 교문사.
5. 고범석 외(2014). 글로벌조리실무영어. 백산출판사.
6. 이권복(2008). 호텔조리실무영어. 기문사.
7. 김인호 외(2013). 알짜 제과제빵 기능사 실기. 책과 상상.
8. 이권복(1997). 서양요리와 MENU기획. 홍진출판사.
9. 이명호(1998). 호텔 제과제빵입문. 기문사

2. 국외문헌

1. Anne Willans(1990). La Varienne Pratique. Crown publishers., New York.
2. Paul Eugen(1979). Classical Cooking the Mordern Way. CBI Publishing Co.
3. Rachel Grenfell(1982). The only Cookbook. Mitchell Beazley Publishers Limited.
4. Christopher Styler(2006). Working the Plate. John Wiley & sons Inc., Hoboken New Jersey.
5. Irma & Rombauer(1997). Joy of Cooking. Scribner.
6. Julia Child(1978). Mastering the art of French Cooking. Alfed A Knopf., New York

3. 웹사이트

1. 네이버 지식백과(http://terms.naver.com)

2. 위키피디아 백과사전(http://en.wikipedia.org)

3. http://www.mindspring.com/~cborgnaes/

4. Fine Cooking(www.tauton.com/finecooking)

저자약력

오명석

세종대학교 호텔외식경영학과 박사
신안산대학교 호텔조리제빵과 교수

임영숙

세종대학교 호텔경영학과 석사
세종대학교 조리외식경영학과 박사
한국방송통신대학교 영문학 학사
강동대학교 호텔외식산업학과 초빙교수
강동대학교 호텔조리제빵과 겸임교수

조리 실무영어

2024년 1월 30일 초판 1쇄 발행
2024년 3월 25일 초판 2쇄 발행

지은이 오명석 · 임영숙
펴낸이 진욱상
펴낸곳 (주)백산출판사
교 정 박시내
본문디자인 오행복
표지디자인 오정은

저자와의 합의하에 인지첩부 생략

등 록 2017년 5월 29일 제406-2017-000058호
주 소 경기도 파주시 회동길 370(백산빌딩 3층)
전 화 02-914-1621(代)
팩 스 031-955-9911
이메일 edit@ibaeksan.kr
홈페이지 www.ibaeksan.kr

ISBN 979-11-6567-763-3 93590
값 16,000원